揭開
感動服務的12堂課

這是一部以心傳心的服務藝術……。

魅力服務期望 Attractive requirements
關懷服務感受 Caring service
賦權服務文化 Empowering culture pattern

董建德 著

好的作品是人類智慧與真誠崇高的證據，
說出一切人對於人類和世界所要說的話……。

-羅丹-

本著作對於以下讀者，將有實務上的助益

1. 直接或間接面對服務顧客之第一線服務人員
2. 服務業的經營管理者
3. 人力資源發展策略的管理者
4. 服務行銷專案團隊
5. 以服務為導向的專業銷售人員
6. 從事教育的工作者
7. 對於「感動服務」有高度興趣的讀者等等

俗話說得好：「不入虎穴，焉得虎子。」任何賭徒都有一虔誠的信念，想要贏得大錢就要敢下大賭注。當然在企業界大賭注風險高，尤其是在渾沌的商業環境中，沒有適當精準的預測、妥善而周全的規劃，或是老闆的支持。當數百萬元甚至千萬打造的商業賭注，想要得到無法捉摸的績效回報，雜念至此讓人裹足不前！

回歸人性根本的服務行銷管理科學

『ACE感動服務新策略』於焉誕生！
締造企業迷人的績效，創造傳奇的故事，使企業內組織成員都將引以為傲，顧客感激不盡。

無須龐大的投資，只需時時多用心！

感動服務故事將創造令人驚豔的成果，引領我們進入開放又有趣的服務世界。

推薦序 1

高雄餐旅大學 蘇國垚

到台中亞緻飯店協助開幕時認識董建德。建德專業負責，有點靦腆但卻是我在餐旅界接觸過的人資主管中最熱情的一位。

我服務餐旅事業逾三十年，擔任專任教師也近十年，參讀許多有關服務的書，自己也出書，但建德的書中所例舉的古今中外及其親身遇到的例子之多，正如他的熱情一樣，是少見的，他藉由這些例子，小心的佐證。

初讀本書時有些「重」、有些吃力，因為有太多的例子及理論，但讀了再看、再想之後，卻發覺滿有道理的。尤其是參考每堂課的感動服務元素及路徑說明，會讓讀者更易瞭解其道理。更令人覺得難能可貴的是，書中所舉的例子，跨越的行業相當多元及廣泛；有旅館、三C零售通路、航空運輸、房地產業及汽車產業，很容易讓人舉一反三，若能使讀者產生異領域的衝擊，即可獲得創新的服務要訣。

服務是一種藝術，少了客人抱怨，多了客人嫌煩。若要獲得客人的真正感動，除了要有良好的制度外，首先，要決定自己公司的經營理念及文化，是否真的要首重客人的服務，還是要以賺錢為先。許多公司宣稱以客為尊，但其實不然。主事者在制定每個政策時，皆須考慮以服務客人為優先才行。其次，並非每個人都適合從事服務的工作，找對原本就有服務熱忱的人，加以教育，讓他知道為什麼；再訓練他做好服務。最後，企業要不斷的在服務上創新，因為服務業的競爭者，不只是超越自己設定的目標或同業的水準，真正的終極競爭者，應是客人曾被服務過的經驗。

建德這本書花了許多功夫，做了深入的探討，並做了極好的建議，對任何想提供優質服務的個人及企業皆是本極佳的書。

推薦序2

全球化企業競爭的態勢詭局多變，而態勢如何的演繹，透過人的服務來傳遞價值的經濟，相對有極為重要的地位。例如，全球品牌捷安特強調最好的騎乘體驗、便利商店融入顧客情境、量販店強化顧問式的售貨員、汽車保養維修強調專屬維修技師、航空業強調溫馨的優質服務，甚至連巴士遊覽車也模仿航空業者於登機起飛時，提供搭乘周到的接待服務體驗等等；這些產業除了高資產、高科技的系統建置，加上透過系統化、制度化掌握全球各地市場脈動的高效能經營策略之外，更重要的是，創造人與人接觸服務時關鍵時刻的價值展現。

因為，顧客的感受才是驅動消費力最重要的關鍵；前些日子前往國家劇院觀賞一齣由林懷民老師所創作的表演舞作，演出終了感動莫名，心中不免想起本書作者所提出的服務接觸與情緒價值的關鍵時刻；一場表演藝術前期的籌備工作諸如藝術概念的萌芽、編舞、服裝設計、燈光與舞台設計、藝術行銷發揮的淋漓盡致等等，當觀眾買票入場帶著高度期待觀賞一齣可能令人驚嘆的表演藝術時，劇院布幕升起表演卻狀況百出，這時觀眾的評價可就不會顧念表演團體前期籌備如何的精密與辛勞，那毒辣而直接的評價可是毫不手軟。可見著力於觀眾所重視的關鍵價值展現，才是重要的顧客忠誠度方案。

政治大學
于卓民 教授

促進顧客忠誠度方案，是一個被探討多年的商業議題，但是藉由充滿人文氣息的感動服務方案來促進顧客忠誠度，這是首開先例；近幾年來強調行銷策略與促銷廣告等效益逐漸薄弱，取而代之的是體驗行銷與故事行銷，例如捷安特董事長劉金標表示，只要兩天沒騎車就渾身不對勁，除了身體力行完成寶島環台之外，二〇〇九年已屆齡七十五歲還要探索中國從北京騎到上海，這種啟動探索的熱情，讓「你環島了沒？」成為員工之間的問候語。這種感染力除了透過標語或是電視廣告的傳遞，最重要的是員工所散發出來的熱情能量，感染了全台灣甚至全球各地。

作者所提出的ＡＣＥ感動服務元素，是一個全面性探討服務接觸時能觸動人心的關鍵趨力，對於學術界而言，這是一個相當具有價值的結論；作者透過嚴密的焦點團體訪談，將顧客可能產生的感動情緒驅動的元素，進行一次完整性的打量，讓顧客的內心感受透過感動服務故事清晰的浮現；例如，「視顧客如家人般的對待」不折不扣是一種回歸人性最溫馨的感受，這種正面情緒的依賴任誰都想接近，也希望這種感受持續的發生，因為那是人類共同嚮往的心裡感受。作者不僅將感動元素以顧客的語言呈現，更重要的是將它的定義說明清楚，同時毫不藏私的將發展的路徑說明清楚，對於實務界而言也是極具操作性的價值。

在閱讀完著作內容之後，我與建德有了共同的感受：「這是一部以心傳心的服務藝術……」一樣的振奮人心，一點不為過！

推薦序3

希望基金會董事長　紀政　女士

建德他是運動員也是一位體操選手，卻出人意表的出版這本感動服務的書籍，我心裡犯著滴咕，一位優秀的運動選手如何將感動服務說清楚，除非他的職業經歷與學習歷程有著過人的磨練方能成就著作價值；當我收到著作初稿之後，所有的疑惑迎刃而解，心中充滿著欣慰與讚嘆，尤其翻開書的第一句話就深深的打動著我「這是一部以心傳心的服務藝術……」

第一個心是建德「嘔心瀝血用心」的研究，閱覽附錄中研究的過程極為嚴謹，所產出的研究成果當然是價值非凡，尤其我看了第八到第十堂課建德針對每個感動元素的說明極具實務性的操作價值，能將這些元素細細說明清楚並對照管理科學的理論相互呼應，這樣的用心程度，獲得了「中華民國管理科學學會論文競賽行銷組優勝」當之無愧。

第二個心感受到建德對於服務業發展的觀察相當透徹，書中列舉了六大產業的競爭趨勢中，建立深度的顧客關係刻不容緩，同時提出了顧客忠誠度三層級論點；品質是建立顧客信賴關係的開始；接著給與顧客正面的情緒體驗，是創造消費的真實感受；最後，感動服務是顧客忠誠度的關鍵之鑰；這對於我推動健走活動的策畫深具啟發性。

希望基金會推動「每日一萬步，健康有保固」的全民健走運動至今超過二十個年頭，每回都讓我有新的感動，讓我能不斷的產生動力持續的堅持下去，因為活動本身即是創造感動的發電廠，健康的身體才有快樂的生活，更能追求幸福的人生，與建德所提出的三層級構想正是不謀而合。

同時，對於基金會籌劃活動也極具參考價值；首先，活動的計畫以參與者的角度出發，顧及參與者的感受進行籌劃活動與嚴密的活動執行——強調品質；接著，考量如何讓參與者在報到的時候，給與創造快樂的接待，讓參與者感受到主辦單位的服務熱忱——創造正面情緒；最後，在參與者所重視的關鍵時刻注入感動服務，讓每位參加者印象深刻——感動服務。我想對於基金會的會務發展將更具有極大的幫助。

最後，恭喜建德能提出如此優質與兼具實務價值的論述，供讀者們參考，不愧是鑲崁著運動家靈魂的作者——「追求卓越，當仁不讓」。

推薦序4

匯僑設計
袁浩程

『一窺感動服務的全貌』，這是我看完這本書給它下的一個註腳。

如何打動顧客讓他留下來，是每一家公司企業竭盡腦汁，挖空心思在做的一件事情，但如何能清楚的表達出來何謂感動服務，卻似乎又意猶未盡、隔靴搔癢，無法有系統、有組織的陳述，更不用說教戰守則，教導如何明確有效的訓練有關服務人員（不論前場或後場）的觀念、行為，事實上現在的消費者是喜新厭舊與變化多端，與其迎其所好，忙得像無頭蒼蠅，倒不如從根本的心『攻』起，就是服務讓顧客感動。服務好已不是以應付現今競爭激烈與與時俱進的市場，要如何憾動人心，觸動人內心的悸動，才是真正會讓顧客留下深刻而難忘的回憶，會欣然再次消費及推薦給眾親友。

作者在這十幾年都一直在從事服務的相關行業，對於『服務』這兩字自是體會甚深，也深覺必須要有一套較科學的研究方法來整理它、來定義它，使它能夠成為一套學說，而不是大家茶餘飯後隨便拿出來聊一聊的話題而已，這在市場上是很大的一個創舉，因為沒有人肯做、敢做，但作者做了，花了數年的時間蒐集資料，整理分析，去蕪存精，並加入很多實列，書中更闡述了魅力服務期望所須的六大感動服務元素，分列於後：

一、感覺很驚喜　　二、被當成重要貴賓的感覺

三、超級貼心的服務　　四、滿足顧客未言明的要求

五、具有巧思的服務　　六、超乎預期之外的服務。

這是本書的精華，所以特別在此先行提出，以饗讀者。

各位看到感動服務中的服務兩字，一定認為這是服務業的事，跟某些人有關，跟某些人無關，但其實完全不是如此。中國《論語》有修身、齊家，我們不談後面的大道理，光就修身、齊家與感動服務的關係，就可以說上很多。首先要是每個人自己建立了感動服務的觀念，那自己在家裡是否也可以時時去思考，如何運用六大感動元素。譬如每天睡前倒一杯水放在床頭，給太太吞服避孕藥用，這是極小的事，但重點是每一天晚上都做，這就構成了上述所說的六大感動元素的發生，所以夫妻之間也可運用感動服務的道理來用心行動，這樣家庭自然和樂，社會自然和諧、則幸甚！

推薦序5

王品集團 夏慕尼 總經理 楊秀慧

接獲本書作者的邀約序，在年假時間認真一讀，深深地被作者給感動，作者精心鑽研感動服務相關各學術理論並融合實務經驗，透過觀察、收集研究及系統化的整理，讓看似簡單的感動服務在各面相皆全方位論述，怪不得讓從事餐飲服務業多年的我，不得不打從心裡面的感動與佩服作者的用心與投入。

早期服務業強調消費者滿意，至今已被具有深刻情感的感動服務所取代，「感動服務」很抽象沒有一個固定模式呈現。而感動有如觸動內心的弦，就像談戀愛一般由內心的悸動與幸福的溫度而來，同樣感動服務是透過消費者的眼、耳、口、鼻、心，觸動到顧客的心靈境界，在心靈深處產生甜蜜、幸福的溫度溫暖了他。它是一門心理學大於經濟學的學問，它必須滿足顧客的基本理性需求外，更向上追求超越顧客期待的感性需求面。

自己一個親身感動服務的案例分享，在一次出差中國大陸入住上海一家商務酒店，當時兩岸奔波身體微恙，出差時帶了一些藥包與維他命罐子，遂置放於飯店的書桌上，該日下班回到飯店時，赫然發現桌上多擺放了一瓶礦泉水，礦泉水下壓了一張小小紙條，紙條上面寫道：「天候冷多注意身體，多給你一瓶水供您燒水吃藥。」當時這麼一張小小的紙條遠遠超乎我的預期與想像的貼心，那種由心中燃起的溫暖與感動不在話下，讓我整個晚上充滿著愉快與幸福的感覺，那真得是一種幸福溫度。一瓶二十元的礦泉水加上一個無價的小小動作與關懷的紙條，無需花大把鈔票就能大大感動了顧客，這就是作者所談「超越顧客期待」的感動服務。

事實上，除了服務業需要鑽研感動服務外，一般人學習感動服務的態度、價值與方法，將更加拉近人與人之間的溝通與人際關係；人與人之間多點同理心、多站在對方的立場著想，多想在他人需求之前，那麼這樣的人一定是大家喜歡相處共事的可人兒。本書作者以深厚的學術理論為基礎、豐富實務經驗為底加上作者透過心傳心的小故事呈現，讓閱讀時增添心靈悸動與觸感，是一本值得從事服務業與想鑽研感動服務的有心人士品嘗。

推薦序6

裕隆日產汽車零件服務部經理　蔡順期

「眾裡尋他千百度，驀然回首，那人卻在燈火闌珊處』，用這句話來形容我與「ACE感動服務」的因緣，應該是最恰當不過的。我負責裕隆日產(NISSAN)汽車售後服務工作很長時間，一直尋求如何超越顧客期待的服務理論架構，但遍尋不著。三年前，我們自行發展感心服務——粉絲計劃，主要三大核心重點為：一、超越顧客期待的服務；二、待客如親；三、快速一次到位解決顧客問題(SOS, Speed up One stop Solution)。直到去年，於中興大學聽到ACE感動服務的論文發表，我內心澎湃激昂，如找到知音般的產生共鳴，因為NISSAN感心服務——粉絲計劃，就好像是ACE感動服務的孿生兄弟，本質上極為相同，我眾裡尋他，結果就在這裡。而我們也因執行感心服務—粉絲計劃，於今年(二〇一一)十月得到遠見雜誌第一線服務人員服務滿意度調查，汽車業第一名的肯定，如此看來，我們就是ACE感動服務的最佳執行範例……感恩。

推薦序 7

捷聖報關股份有限公司協理
詹春龍

台灣近幾年來由於王品餐飲、鼎泰豐、非常泰、鼎王麻辣鍋等餐飲集團的發展與崛起，導致餐飲業的服務模式急速變遷與提升，如何滿足消費者多變的需求並提供優質的感動服務，已經成為決戰千里致勝關鍵。感動的服務是無形的產品，但卻是左右消費者對品牌的再次消費的意願。根據個人從事海運報關服務業的實務經驗中，「感動的服務」包括了：專業解說、親切服務態度、積極有效率的主動服務精神——本書作者透過焦點小組訪談，以實際案例與嚴謹研究加上本身旅館服務業實務經驗，明白揭櫫感動服務所需要的精神與驅動力，在跨世紀的競爭中，本書不失為服務產業參考且具有實用管理書籍之一。

推薦序8

美商賀寶芙台灣/香港分公司總經理
陸碧函

『天使』也會在細節中……

在現今資訊爆炸的時代，如何讓一個品牌或企業脫穎而出，服務是一項非常重要的元素。而在台灣這個人文素養成熟的社會，「感動服務」才是王道。其內涵經過董建德先生細緻的闡述，可以看出其實是一門非常大的學問，而且適用於任何的行業。

學問大卻不一定難實行，用心並不斷地落實以Tender Loving的態度去做，會驚喜發現其實細節中也會有天使，而不是魔鬼。如何讓客戶產生忠誠度進而成為終身的客戶甚或朋友，則是感動服務的極致發揮。希望大家都用心閱讀這本書，展開我們的感動之旅。

自序

這是一部以心傳心的服務藝術……

單親媽媽住在公寓中，獨自扶養女兒；颱風天的夜晚，由於加班的關係未能及時準備糧食，此時夜幕低垂風雨交加，家中的女兒飢餓難奈，出門覓食怕被搖搖欲墜的招牌砸中，母親正躊躇不已，不知如何是好……，叮噹……叮噹，門口的電鈴聲響起，母親感到疑惑颱風天的夜晚為何會有訪客，難不成是里長前來通知疏散事宜？

當大門打開時眼前出現一位全身套著濕透的雨衣，雙手提著二大袋的東西還透著煙，請問您是……？母親疑惑的盤問著，訪客緩慢的卸下頭罩，母親一眼認出是對面一樓麵攤的老闆；老闆，請問您有甚麼事嗎？老闆接著說：「這位太太今晚颱風天風雨很大，我親自煮了麵、肉羹以及滷肉飯同時切一點小菜，親自為鄰居送到家中，以避免鄰居出外找食物發生危險。這每一袋都只有二十元你有需要嗎？」當然需要，真是雪中送炭感人肺腑。如此窩心的服務，相信颱風夜過後，鄰居們再惠顧這家麵攤的機率肯定破表。

停不了的籌備永無卸任的啦啦隊長

二〇〇六年作者接受公司指示長駐台中，協助籌備亞都麗緻集團成立第二品牌「亞緻大飯店HOTELONE」的專案，負責人力資源規畫、大型招募活動、員工遴選、晉用乃至於管理制度的建立，任務與目標相當明確。當時嚴總裁長壽先生耳提面命，冀望主管們能扮演好啦啦隊隊長的角色，熱情的激勵與貼心的照顧員工，讓員工們樂在工作更樂於服務；但以我的經歷與涵養實在力有未逮，尤其亞都麗緻集團三十幾年的傳統服務文化，要精準的傳承，著實是一項艱鉅的挑戰，因為服務文化的養成需要憑藉著時間長期的淬煉，方能成為思想與行為的座標。

但是，也由於這項任務，使我能近距離的觀摩嚴總裁的服務精髓；那恰如其分的禮節與優雅的身影讓人樂於接近；那真誠的關懷與互動讓人感到溫暖；那國際性的經歷與觀點的分享，擴大我們的視野；那前瞻性的願景直指人心，成為我們最佳的行為指南；如同王陽明先生所說：「知是行之始，行是知之成。」這正是嚴總裁最佳的寫照。

回想當年，飯店的籌備任務到了關鍵性的時刻，大規模的員工招募活動如火如荼的展開，嚴總裁到場給同仁們加油打氣；當嚴總裁抵達會場時關切的不只是場地、記者、服務人員等準備事項的工作，更詢問各個面試主管，是否有一致性的行為準則，照顧求職者的感受；例如，當求職者迎面而來時，面試者必須起身迎接並問候求職者，同時將自己介紹給求職者，才正式進入面談程序；面談結束前，應主動詢問求職者是否有其他問題，並於求職者離去時起身歡送，以表示尊重！恰巧這些都是我所忽略的，真是慚愧；這也只是眾多案例中之一例。

嚴先生也曾經分享一則關於他個人，創造令人終身難忘的感動服務故事。

有一回嚴先生和小提琴大師林先生用餐，隱約看到賓客，似乎正在醞釀求婚的大事，因此，嚴先生靈機一動和林先生商量，為了成就這對新人，是否拿他的百萬名琴為他們演奏促成一樁美好姻緣，林先生還反問，這樣好嗎？會不會壞了他們的大事，嚴先生說：「沒問題！」

於是，林先生拿著小提琴在餐廳外面等待，這時餐廳的經理正配合這位求婚者事前交代好的腳本，送上花束和鑽戒，而林先生就隨著這個節奏，在餐廳的門口準備進場用音樂祝福新人。此時音樂家吸氣拉弓演奏，一時間響起悠揚而動人的弦樂伴隨著鑽戒緩緩進場，此時這對新人的女方已經是非常感動，正想他的男朋友哪來的金錢能邀請小提琴師為他演奏呢？男方也沒空理會，反正又沒邀請演奏者來助興，不過當時氣氛極佳。此時男主角取得戒指之後，開始求婚儀式，當然女方感動莫名立刻答應。此時嚴先生走到這對新人面前給予祝福，女方也驚訝的認出音樂家──林

先生是台灣最頂尖的小提琴大師，這對新人興奮的要求和嚴先生以及林先生一起合影，並計劃把照片製成喜帖，寄給所有親朋好友。

各位不難發現，嚴總裁的服務精神展現得淋漓盡致，讓所有的工作同仁有所體悟；當一切的任務做足了功課，同仁們卻未能尊重與關注人的感受，將造成事前的努力與周全的準備，績效卻不如預期；我們認為所有資源投入是為了彰顯服務與尊重人的價值，這才是所有商業行為或組織目標的關鍵，就好像蓋好了結構堅韌的宅院，卻少了圓滿具足的天倫之樂令人婉惜。因此，這樣的體悟也開啟了我永不停歇研究感動服務的議題，並且不斷激勵自己在孤單寂寥的研究過程中，能將成果與各界人士分享，將是人生一大樂事。

另外一位前輩是我學習的榜樣也是一位傳奇性的人物，他是國立高雄餐旅大學教授，在實務界也是最能傳遞服務精髓的總教練，他是蘇國垚總經理；我相當慶幸在籌備亞緻大飯店時有蘇總的隨堂指導，讓我體會服務的精微妙法之處；這些都是我感到難能可貴的經歷，為了不辜負前輩們的期許，感動服務這項議題應該就是我研究的使命吧！

永不熄滅的熱情，來自真誠的喜歡

揭開感動服務的十二堂課

目錄

導論

ACE感動服務家族各相關學說的邂逅

一個有價值的發現，總是在精心比較之後出現。過往企業界與學術界所探討的行銷管理方案當中，同一論點經常以不同的角度陳述，或是冠上不同的名詞企圖引起注意，誤以為換一副不同的眼鏡，世界就變成另一種姿態，因此造成學習與理解上的困擾；逐漸地促進績效與解決問題的管理方案，如同新產品上市般具有成長與衰退的生命的週期，幾番的繁華，幾番的蕭索，都如驚濤裂岸般激起巨浪又悄然退潮，在管理創造績效的長河歲月中，留下了若隱若現的刻痕。

我們試著以簡要的方式探討感動服務相關學說，了解其內涵與演變的脈絡，從而在這片豐美沃實的研究成果中，獲取相對的理解及滋養。坊間有關感動服務的書籍與探討，精闢浩繁。有經濟部中小企業處委託中衛中心積極推動的感質力（Qualia）計劃；也有學者提出「體驗行銷」的論述；甚至有國外研究團隊針對單一企業個案，以其卓越的經營績效提出「情緒行銷」的方案；或是國際連鎖企業成功的歷程，開誠佈公與讀者分享；同時，也有部分作者以其豐富的生活經驗，以傳記的方式闡述感動服務。

為幫助讀者釐清各個學說的內涵，作者將剖析各學說的核心觀點與感動服務之間的相互關係，使讀者更能掌握感動服務相關學說的輪廓、運用範疇以及功能等；這項剖析的作用，如同發揮效用的羅盤，指引商船正確迅速的抵達目的地，使讀者能信手拈來運用正確的服務管理工具發揮高度績效。

ACE感動服務遇見感質力（Qualia）

感質是「用眼睛看、用手摸就可感受到心弦受到撥弄般喜悅的一種感覺」。

政府目前正積極推動感質力的計畫，這是一項具有品味、品質與品牌的管理思維，根據經濟部中小企業處處長賴杉桂指出具「感質」意涵的商品及服務，就好比是一束花，從收到它的那一刻開始，讓人打從心底感到愉快、喜悅與幸福，更進一步，甚至能夠改變人們的品味。「感質」一詞源自於拉丁文「Qualia」，是一個被哲學用於所有感官現象的藝術用詞，日本索尼（Sony）前社長出井伸之認為，感質是「用眼睛看、用手摸就可感受到心弦受到撥弄般喜悅的一種感覺」，運用在產業發展上，則是藉由提供具一定品質的產品、服務或是在消費的過程中，讓人們留下驚奇和感動。

而國際感性設計研究所所長長町三生指出，早在西元四世紀時，希臘的一位哲學家的書裡就提到「Qualia」這個字，所謂「Qualia」，就是能夠讓人記得那個感動時刻的產品或服務，不論是用眼睛看到的、用耳朵聽到的或是皮膚感受到的、嗅覺到的，透過這些感覺而造成Qualia的印象。將消費者的感性融入設計，感性（Kansei），原意為對於某一個產品所產生的心裡感覺與意象。當消費者購買產品時，在他們心中一定有一些感覺意象來選擇商品，如堅固的、豪華的與亮麗的等，感性工學技術便是將消費者需求的感覺意象轉化在新產品上的技術。

另外，國立台灣藝術大學設計學院院長林榮泰博士提到，現代的設計師必須融合「感性科技」與「人性設計」的設計思考，營造一個具有感質創意的人性化產品與服務環境。「感質」是一種生活的意義與情感的滿足，帶著一種感動人心的浪漫，觸動消費者內心最深層的情感，需透過感性工學流程，進一步分析、驗證，創造讓消費者感動的商品及服務。感質商品或服務是以品質為基礎延伸，透過感性價值的五大感質力：魅力（Attractiveness）、美感（Beauty）、創意（Creativity）、精緻（Delicacy）與工學（Engineering）的呈現，建構出獨特性與增加商品與服務附加價值，進而引發顧客心靈上的喜悅與感動。因此，「魅力、美感、創意、精緻工藝、感性工學」是感質五大核心主軸。

觀點聚焦：

由上述的說明可以得知「感質力」與「感動服務」之間的相關性與差異性；感質力側重商品的美學設計與呈現的形態，而感動服務則強調服務傳遞過程中，藉由服務提供者與消費者之間互動接觸的能耐，進而創造人與人之間的感動情緒；因此，感質力與感動服務探討的結構與實務運作的領域，有其相通與互補的功能，感質力如有感動服務助陣，將更趨完備。所以，感質力的創意與美感的工學設計，加上工藝般精神的灌注，呈現商品的吸睛能力，再結合ACE感動服務的能耐，將更有效的觸動顧客心靈，創造商品或服務無可取代的價值。

ACE感動服務遇見體驗行銷

PineII與Gilmore（一九九八）於哈佛企業評論中揭示體驗經濟時代的來臨，文中將經濟活動的演化發展，從傳統農業經濟、工業經濟、服務經濟、體驗經濟，顯示體驗經濟乃目前主流的經濟型態。

體驗是任何事物記憶的基礎，有關記憶的研究指出陳述性的記憶最容易被提起，關於事件、事實、面孔、音樂記憶我們可以運用語言或者心像呈現出來都可稱為陳述性記憶；我們可以輕易的回想高中時期同學的面孔、聲音以及說話的方式，然後回想某一件與這個同學有關的事情，你會發現非常容易回想起當時的相關情境，這就是陳述性記憶的優勢；所以企業必須充分運用感性與感官的情境體驗力量，強化品牌行銷有助於排除競爭市場過度資訊承載。品牌體驗並非僅由消費者所接受的廣告訊息加以認識，而是消費者在一段期間對品牌所收集的接觸與遭遇的正面或是負面情境而獲致的，而每一次顧客與品牌的接觸互動都會形成一個品牌的體驗。

我曾經進行一項試驗，隨意詢問周遭的朋友，關於某家銀行整體印象的評價，我所得到的答案其評價有其差異性，這是什麼原因？可能來自於每次接受服務的經驗所得到的款待有其品質上的差異，這些差異將形成服務接觸的經驗，這些經驗會形成顧客對於該銀行的服務印記，這些印記有正面的也有負面的經驗摻差其中，形成整體的印象與滿意度，所以服務提供者必須珍視每一次與消費者互動的機會，因為這是形塑品牌體驗與形象價值的關鍵。

顧客消費過程每一個步驟的總和，是一個完整的體驗，目前愈來愈多的行銷溝通不再強調產品、功能與特性，而是由觸動人心的體驗為著眼，換言之，應是如何為消費者塑造一系列全新的體驗為思考核心，強調為顧客創造多元的體驗形式為重心。消費者是具有體驗需求的，他們必須被刺激、觸動的，同時消費者期待尋找能提供有意義的品牌體驗訊息，從而使得品牌成為他們的生活中的一部分。

PineII&Gilmore（一九九八）認為體驗是比較個人的，它只有當顧客在感性、實體、知性、精神上的參與情況下才得以存在，他們將顧客體驗模組分成四個類別，以顧客的參與程度設定為橫座標，左邊代表顧客主動參與，往右邊則為被動參與；而縱座標的上半部稱之為吸收學習，下半部則是浸入的程度兩大座標。藉由此縱橫座標將體驗分為四個類別，分別是娛樂、教育、逃避主義及美學的，見圖一所示。

Schmitt（一九九九）視為策略性的體驗模組，它包括

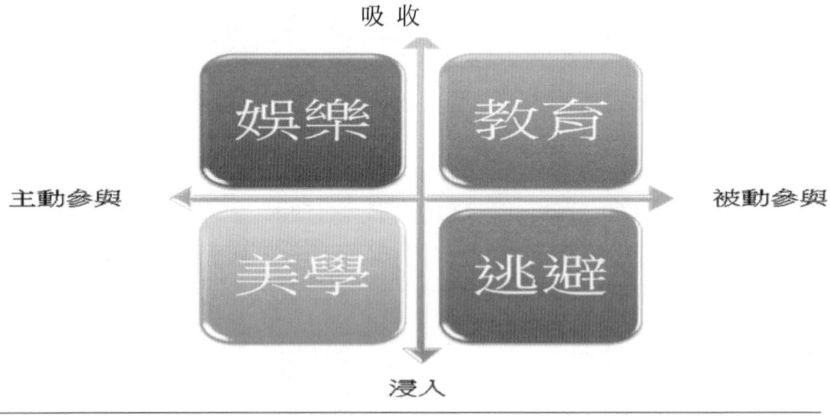

圖一：顧客體驗模組。

五項體驗，而前三種體驗屬於個人體驗，後兩種體驗屬於共享體驗範圍。

感官體驗行銷是透過視覺、聽覺、觸覺、味覺與嗅覺創造知覺體驗的感覺，目的是經由知覺刺激，提供美學的愉悅、興奮、美麗與滿足。

情感體驗行銷是訴求顧客內在的感受與情緒，使消費者對品牌產生情感的方法。

思考體驗行銷是訴求智力思考與創造力，鼓勵消費者誘發具創意的思考，促使他們對品牌重新評估。

行動體驗行銷是影響身體的有形體驗，生活型態與互動以豐富顧客生活，著重於影響顧客的行為與生活方式，展現其自我觀感與價值觀。

關聯體驗行銷，它將個人與反射於品牌之社會與文化產生關聯，所以超越個人人格、私人感情、加上個人體驗，讓個人與理想自我，他人或是文化產生關聯，提供社會身分地位及歸屬感，為消費者創造一個獨特的社會識別。

品牌體驗行銷論述範疇，較ACE感動服務策略更為廣泛，都是透過接觸的形式最終達到觸動顧客心靈的目的。而品牌體驗行銷強調創造感官體驗、環境體驗、美學以及文化教育為基底，並運用情感體驗行銷使消費者產生強烈正面的情感因素，促使消費者產生極佳的滿意感受，同時強化品牌的社會意象與價值觀，是一項加深顧客品牌印象絕佳的行銷工具。

觀點聚焦：

ＡＣＥ感動服務策略是深度探討情感體驗行銷最有系統也是最完整的一套方案。在品牌體驗行銷的五項體驗模式當中，情感性體驗行銷最具張力，其他四項大部分強調的均是靜態的與單向的訊息傳遞，而ＡＣＥ感動服務策略則是動態性的與雙向訊息的傳遞；消費者的需求與期望在服務傳遞的過程中，藉由服務人員主動偵測，動態調整，進而滿足與超越消費者需求的過程，是消費者形塑感動故事最佳領域。

在往後的章節中，作者列舉的感動服務故事讀者即能明瞭，藉由人員的服務所創造出來的情感性體驗行銷最具有傳播能力，也是口碑行銷最重要的工具。

ＡＣＥ感動服務遇見情緒行銷（emotion marketing）

情緒行銷（emotion marketing），Robinette,Brand&Lenz（2011）以Hallmark的實務研究為基礎，跳脫既定的行銷管理模式，提出商業活動中以情緒創造忠誠顧客的思考邏輯，大多數論及行銷策略與行銷方案，大都以市場區隔、選擇、定位及行銷４Ｐ組合為基礎，而情緒行銷卻是以顧客的價值創造為起點，認為「消費者對價值的看法受到情緒的極大影響，情緒對創造死忠型顧客也扮演不可或缺的角色」。

因此，Hallmark與數千名顧客接觸，讓他們用自己的話描繪他們的需求，因而形成一組結合

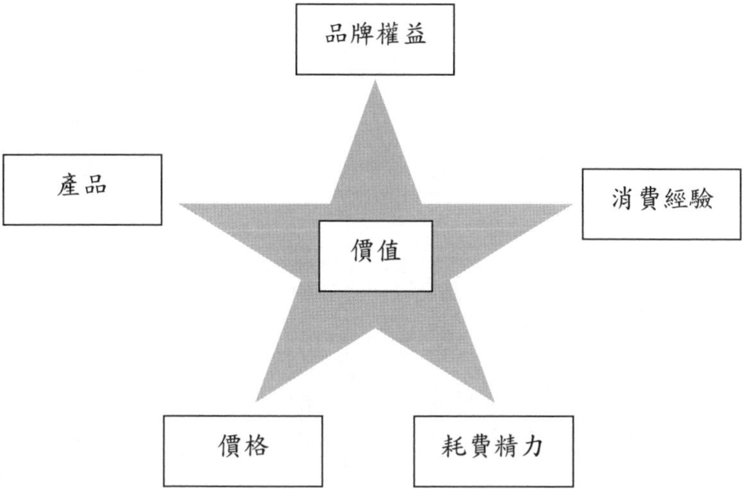

圖二：圖ValueStar^{SM}模型。

理性與感性因素的動機模型，他們稱之為ValueStar^{SM}（如圖二）的專利模式，其中匯整了五項要素，分別是：價格、產品、品牌權益、消費經驗和耗費精力。

模型是以消費者的角度建構的，核心部分是指消費者所認知的價值，下半部（價格、耗費精力）是消費者成本、上半部（產品、品牌權益、消費經驗）是消費者效益；左半部（產品、價格）是理性元素，右半部（品牌權益、消費經驗和耗費精力）是感性元素，由於感性元素三者皆為英文E字頭（equity, experience & energy），因此稱為「情緒E因子」，而其研究顯示，情緒E因子才是促使消費者決定購買的主要力量。

在研究感動服務的這十年當中，有種「孤舟簑笠翁，獨釣寒江雪」般的孤寂；這個看似籠統，卻包含精微妙法的學問，卻讓我深深著迷！行銷人員在談論感動服務議題時，一不小心就如聲音波動般飄向遠方消失於地平線，而錯過了探索蘊含其中的深刻道理，就像一片漆黑的夜晚，雷電閃焰畫破天際，一個漫不經心的眨眼，奢侈的錯過美麗境界；它就是「感動服務」！

過往的歷史洪流中無論慈善家、藝術家、文學作家、企業家與宗教家都曾努力不懈持續專注，發展出驚人的成果……。

一位市場旁的菜販，日夜積累銅板，匯聚愛心奉獻孩童，積善事蹟揚名國際，她是陳樹菊。
一位西洋繪畫卓然出眾的畫家，卻也深愛台灣這塊鄉土，油彩的化身，他是陳澄波。
一位文學造詣出神入化的作家，跨越半世紀，回溯被淡忘的歷史，一九四九大江大海，她是龍應台。
一位沒有大學學歷的經理人，卻具有藝術與人文關懷成為了台灣飯店業的教父，他是嚴長壽。
一位懷有「無緣大慈，同體大悲」的宗教情懷，未曾出國卻感動全世界，她是慈濟證嚴上人。

他們各自在不同的領域，卻創造了共通的價值—感動。「感動」是人類寶貴的情緒資產；『感動』啟發我們的智慧，促使我們成長，驅使著我們朝陽光的方向前進；「感動」讓我們摒棄主見，合而為一建立緊密的信賴感；「感動」也讓我們感受到活著的意義與價值；一切的一切，感動真有力！

作者心中充滿想像、一丁點的假設、和很多的問題展開感動服務研究的奇幻旅程；有些朋友認為感動服務是一門藝術不容易科學化，其實好的藝術作品也必須具備科學的態度旁徵博引細細考就，如此才能完成藝術作品感動人心。就是這份穩健務實的態度，讓我完成這部感動服務的著作，並獲得二〇一〇年**中華民國管理科學學會全國碩士論文競賽行銷組優勝**。

歷時十年的研究先是一些蛛絲馬跡，然後整個內涵慢慢清晰起來。藉著概念的釐清、價值的確認、系統的形成並使理論與實務相互呼應，並完成百場的演講，因緣齊聚完成著作；撰寫之時偶爾佇立桌前無法運筆，一時又如矯健的駿馬奔馳曠野仙境，筆墨之靈感文思泉湧有如神助，自晨曦微光至星光閃爍不曾停歇；著作期間我更畫地自限，將可能影響探索感動服務的事物全部拒於門外，一心專注只為求好心切；因此，資料的引證也就相當廣泛，包括社會心理學、社會學、情緒管理、服務業行銷學、管理學、人力資源管理、消費者行為學、人類學、心理學、各個產業的資料收集、哲學與藝術美學等等，當然還包括作者本身的實務經驗融會貫通，讓這本書順利出版；為了使讀者便利閱讀引發共鳴，作者將著作分成四部十二篇章，於閱讀時能藉產業與大環境的探討和生活點點滴滴相關的描述，引領讀者一起輕鬆的進入感動服務的堂奧，方便理解有效運用，才是作者冀望達成的目的。

前情提要與探索的過程——ACE感動服務新策略的誕生

魅力服務期望 Attractiver equirements

關懷服務感受 Caring service

賦權服務文化 Empowering culture pattern

本書的內容研究期間相當冗長，過程也相當的繁複，研究探索的工程如興建萬里長城般的沒完沒了，比喻雖然誇張，但研究的過程折損不少腦細胞；單就感動服務四十個故事的收集與撰寫就耗費數年光景，同時為了找到感動服務的元素，舉辦了七場的焦點團體訪談，收集了將近五百多個感動元素並歸類了二十三個感動元素之後，再發放問卷調查找到三項感動服務因素十六項感動服務元素，同時將這些元素加以定義，並且逐一細細推敲完成這些元素產生的路徑；因此提出了全球首創的ＡＣＥ感動服務新策略。

感動服務策略矩陣

不僅如此，緊接著還進行了一個更浩大的研究，就像治理黃河的水利工程般浩浩湯湯；作者繼續又花費一年的時間，完成感動服務標準作業程序；而這些程序總共有四百多個服務步驟，最後整理歸納成為五大服務步驟；分別是高水準的服務表演、顧客獨特需求主動偵測、顧客獨特需求由顧客提出、顧客窘境由情境引發、顧客窘境由服務者引發等五大類型感動服務標準作業程序；礙於篇幅的關係，本書僅就ＡＣＥ感動服務新策略部分加以說明以供讀者研討。

為「感動服務」進行一次重頭到尾的打量──四部全書逐一介紹

感動服務是一門大家耳熟能詳的服務策略，但是此議題的探討，無論在學界或商業環境中，僅止於循名擇實的階段；因此，本書為了明確闡述此項議題，將以問題為出發來尋找答案；因此，本書提出四個問題，並藉由問題的引導發展四部十二堂課節的內涵，對於感動服務一次重頭到尾的打量。

首先，為什麼是感動服務？

其次，又是一個老調重彈的內容嗎？

接著，我直接問你，感動服務是甚麼？他的商業價值層級何在？

最後，是甚麼服務原因，讓顧客感動？掀開鍋蓋吧！

第一個問題「爲什麼是感動服務？」：這個部分作者懸著一個巨大的問號開啟了第一部探討「感動服務管理科學誕生的背景」因此，第一堂課我們將陳述服務業的最新挑戰，以科技的高度發展、都市化與組織化的現象觀察，將是阻礙同理心的首席殺手。第二堂課我們列舉了六大產業的發展進一步證實，顧客關係的建立對於企業經營的重要性；而顧客關係建立的手法，主張以服務品質創造顧客滿意，進一步維持顧客忠誠度這一脈絡的邏輯越趨薄弱。雪上加霜的是科技的爆炸性發展，引發大規模同理心不足的現象越來越明顯。

第二個問題「又是一個老調重彈的內容嗎？」：拿著探照燈回頭搜尋對準過往歷史的足跡，才知道這一步的來龍去脈；第二部探討「感動服務的學術與實務內涵」於焉誕生。一個微笑，一次擁抱，甚至是一句溫暖的問候，是人類間最大的秘密；過去對於感動服務雖無完整的研究，但相關探討以及實務界的運作已經具有相當的基礎；因此，我們將以第三堂課探討服務接觸的相關科學切入，來說明感動服務的表現舞台，落在人與人接觸的服務領域；消費者面對硬體設施與軟體體驗，接觸有形到無形的商品與服務逐一探討；並且在第四堂課中進一步說明關係與情緒在服務業中的商業價值；企業界最講究效能，除了要把事情做好更重要的是要做對的事，因此將分析探討與顧客建立關係的方法，以及讓顧客感動的情緒在商業上的作用，才能有效達到組織的目標。

第三個問題「我直接問你，感動服務是甚麼？它的商業價值層級何在？」：攪動了第三部「感動服務的商業層級」；層級是一個過程，也是一個演進，有基礎性的滿足才能往更高的層級邁進，如此才有實務性的意義，如同馬斯洛需求層級一般，由個人需求的滿足逐漸往更高層級社會性需求的滿足；本章論及提高顧客忠誠度除了服務品質創造顧客信任的基礎之外，進一步邁向創造顧客正面情感，讓服務變的更加真實，到感動服務創造真正的顧客忠誠度；這是一個層級的狀態必須由品質開始做起逐步邁向感動服務的一個過程；以上是第五堂課感動服務創造消費者忠誠度的演進所探討的內涵。緊接著，第六堂課何謂感動服務，我們以心理學以及社會學的角度試著定義感動服務的意涵，這是前所未聞的探討，咬文嚼字清晰辨認，充分揭露感動服務的面紗。

第四個問題「是甚麼服務原因，讓顧客感動？掀開鍋蓋吧！」：我不想草率的把促成感動服務的問號刪去，急急忙忙的換上讚美的驚嘆號或是判斷的句號。本篇章透過清晰的解讀抽絲剝繭揭開第四部「感動服務密碼元素與運作方式」關於這個問題的答案搜尋歷時二年；回答感動服務的元素如同以化學式回答水分子的元素是H^20，而二氧化碳的元素是CO^2一般清晰解構；為了進一步服務讀者，我們將感動服務的元素概念明確定義，這樣討論起來更能有效溝通，同時進一步將感動元素的發展路徑一一呈現；這是一樁巨大的工程，如同黑格爾、康德等哲學家一般，在他精彩的哲學論述領域當中，對於每一個探討的概念都必須加以定義，讀者較難從字面上的意義加以解釋，因此他們必須出版自己的辭典，用以解釋他所提出的概念，這樣負責的態度與讀者才能心意相通。

我們藉由第七堂課探討服務業的特性，為感動服務鋪陳服務的精髓，進而說明全球最新的ACE感動服務新策略的內涵；A代表力服務期望（Attractive requirements），而C代表關懷服務感受（Caring service），E則代表賦權服務文化（Empowering culture pattern）；並藉由第八至第十堂課說明ACE感動服務因素所屬的十六項感動服務元素的實質內涵；不僅如此，在最後第十一堂課藉由十二種美學藝術形式的剖析，讓感動服務在美學與藝術的文創產業當中發光發熱，交互啟發更充實感動服務的完整內涵。最後第十二堂課以嚴謹的研究過程說明感動服務的誕生，藉由上述的安排希望能完整解釋感動服務的內涵。

對於感動服務的研究，作者心思恭敬但礙於涵養不足，未能盡情揮灑感動服務的實質內涵，任何闡述與論述未盡周全之處，實乃作者才疏學淺文筆拙劣，敬邀各界先進諸多指導，充實感動服務的內涵將是一大樂事；敬請指教！

情感世界抵最後境界時，付出越多代表本身所擁有的越豐富，一如老子所言：「既以與人己愈多，既以為人己愈有」。

感動服務的範疇演的是那齣戲？

溫暖、貼心、驚喜、新奇、視客猶親、優質態度、真誠與款待等等這些都是人類最嚮往的感受。「感動」是人類特有的情緒寶藏，而「感動服務」則是在服務者與消費者的社會性互動過程中，藉由超級同理心的高水準服務，使得消費者產生的情緒成果。因此，感動服務所發生的場景，是服務人員在其服務場所與顧客互動時，傳遞服務價值所觸發的場域。

以服務接觸的結構當中，服務提供者呈現卓越的產品核心技術給予消費者，例如美食的獨特料理、汽車的獨特性能、科技產品的新奇便利與美學設計或是符合潮流的商品定位等。接著並以此為出發設計產品與服務，並藉由服務遞送系統中的設施、設備與服務人員來傳遞產品的核心技術能力，為消費者創造價值，例如麥當勞的建築與得來速的建置、NISSAN或是TOYOTA販售中心與修護廠以及提供的服務保固、無印良品或裕毛屋新鮮賣場提供貨品齊全優質服務態度等等。簡而言之，就是從後勤部隊到前線戰場，由後場到前場，由幕後走向幕前的一個過程，消費者則藉由廣告通路系統，被服務提供者以強大的訴求吸引力給攝受，消費者按圖索驥接觸服務提供者，服務提供者與消費者的接觸情境，則藉由服務傳遞系統所呈現。

生命力來自於人與人的接觸，尤其是帶有關愛的接觸。本書所闡述的感動服務運作場景，是參照周逸衡與凌儀玲（民94）所翻譯的服務業行銷中，高接觸服務的行銷系統藍圖（如圖三）。在服務遞送系統中服務人員與消費者服務接觸時，因服務人員貼心的為消費者周全的設想，提供高水準的服務能力，而致使消費者產生感動的情緒，進而發展成為感動服務的故事，作者選取以下藍圖表示。因此，可以說是體驗行銷之一部份，也涵蓋了關係行銷、情緒行銷與心理學與社會學等相關領域。

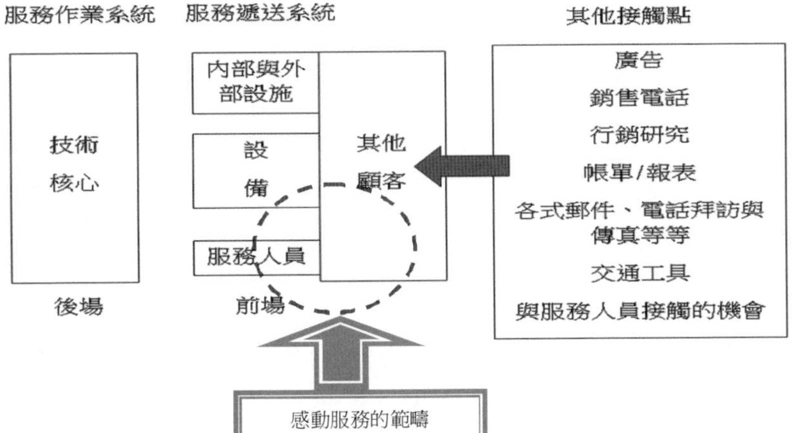

圖三：高接觸服務行銷系統藍圖。

ACE感動服務新策略探討架構：

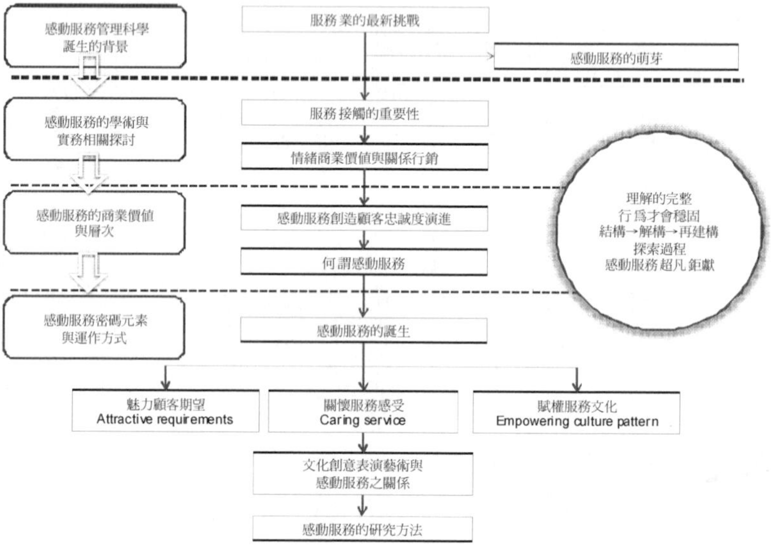
感動服務管理科學
誕生的背景
感動服務的學術與
實務相關探討
感動服務的商業價值
與層次
感動服務密碼元素
與運作方式
服務業的最新挑戰
感動服務的萌芽
服務接觸的重要性
情緒商業價值與關係行銷
感動服務創造顧客忠誠度演進
何謂感動服務
感動服務的誕生
理解的完整
行爲才會穩固
結構→解構→再建構
探索過程
感動服務超凡鉅獻
魅力顧客期望
Attractive requirements
關懷服務感受
Caring service
賦權服務文化
Empowering culture pattern
文化創意表演藝術與
感動服務之關係
感動服務的研究方法

感動服務管理科學誕生的背景

第一堂課　服務業的最新挑戰

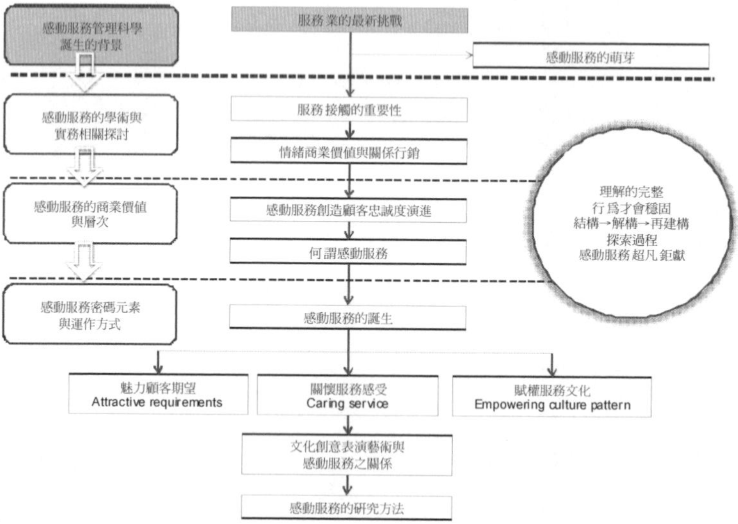

是不是，最美的音樂創作，最後要關閉世俗的耳朵？
是不是，最美的光與色彩，最後要關閉世俗的眼睛？
「最美」，不只是生理狀態，也同時是心靈渴望的強度。
貝多芬渴望聲音，莫內渴望光與色彩，
他們世俗的耳朵聾了，世俗的眼睛瞎了，
但是他們聽見了天籟，也看見了天光。

—破解莫內蔣勳—

一一 科技的影響力

打開電視，一則有趣的新聞報導，有位嬰兒看雜誌翻開頁面圖像時，為了想把圖片放大或移動，使用食指與大姆滑動圖像，卻發現雜誌上的圖片一動也不動，那孩童的表情顯露出疑惑以為圖像損壞，相當逗趣；可想而知這位孩童平日觀看媒體的媒介，應該是觸控式螢幕才有如此的動作吧！以此觀之，現代人應該也逐漸有如此的反射習慣，看到任何螢幕很自然會使用食指與姆指移動放大縮小。

日常生活況且如此，在以關係導向的人際交友與擇偶的面向當中，更是深具挑戰。科技男這個名詞普遍隱含黃金貴族的意象，也是單身女孩理想的擇偶對像；不過根據《今周刊》與一〇四人力銀行共同合作的科技人生活調查結果顯示，四成多的科技男沒有固定交往對象，而且高達七成五的人獨處時常感到寂寞。究其原因，科技人多半邏輯性強，側重科學化實證，擁有第一流的腦袋，但是交往女朋友則非這項特質所能擄獲芳心。

這讓我想起一則笑話：中午休息用餐時，阿鳳食用男友準備的餐盒，打開時說：「一看到飯盒就想到我男朋友。」阿嬌笑：「想到男友對你的好」，「不，和這飯菜一樣，無色無味。」這笑話的比喻相當傳神，道出男女間無色無味的情感交流是無法長久；真是吃冷飯，跑路快！

根據著名的心理學家佛洛依德有個精采的說法，追求女生最重要第一步則是「自作多情」，而這份情是情感的付出，是全心關注與相互呼應，達到雙方最佳的契合關係，方能雙雙墜入情網。我有位科技男的朋友，在約會當下的話題，經常繞在實用主義的範疇；聊到自己感興趣的話題時，就開始滔滔不絕的演講……功績卓著捨我其誰，改善公司何種作業程式、開發甚麼新系統，甚至怎麼燒光碟都聊，真是窮極無趣。

網際網路已經逐漸取代電視的功能，朋友們聚會經常分享智慧型手機的新軟體新發現，甚至有時看到咖啡廳的客人，邊喝著咖啡邊對著智慧型手機微笑，這已形成我們城市生活中的景象。當我們花時間上網時，我們將減少與朋友、家人、同事等，面對面接觸相處的時間。

我們經常以遠距的方式溝通，例如使用Skype、msn、App等，雖然已經有些許的溝通交流；但是，顯然已減少了面對面時所接觸的那種微妙語言，或非語言溝通，加上融合面部表情，與聲調搭配交織而成的活動。當面對面溝通時，社交溫度計在互動的雙方關係中不斷的變化，這種互動的情感交流，正是培養解讀對方情緒最重要的場域，也是同理心的最佳練習場。

嗨！同學你從地球上消失了嗎？科技的發展帶給我們無比的便利，也因此形成過度依賴的現象。您是否曾經遭遇過這樣的窘境：當智慧型手機損壞無法運作時，感覺好像與世界斷了線般的無助；不僅是與客戶的聯繫停擺，甚至連生活也產生極大的不便，以往想查資料，觸控一下螢幕隨即與世界接軌，現在則是寸步難行；由於行事效率變差還釀成不少誤會，更何況空閒的時間卻不知如何打發，這才發現我們人類和智慧型手機這玩意兒的關係密不可分，就像享受美食當前缺少刀和叉子般的窘境。

無火不起煙。「同理心」是優質服務啟動的基本條件，如同沒火怎麼會有煙的因果關係；但是人們過度依賴科技通訊，其後遺症可能造成同理心的喪失。因為，現代科技化的生活，講究速度與效率，有些人由於科技的幫助，生活更節省時間，但所騰出多餘的時間，不一定會去從事對於生命有價值的事務，反倒是讓花更多時間來玩更多的科技，因此也造就科技兒童。

• **人們對於科技通訊過度的依賴，其後遺症就是喪失同理心，但是好的服務啟動基本條件就是「同理心」。**

有一回，我進入電梯按下欲前往樓層，一位年輕人跟在後頭也準備搭電梯，當錯過他的樓層時，我好心用言語提醒他竟然毫無反應，直到抵達我的樓層時，他卻隨著我的步伐走出電梯，這時他才發現走錯了，卻用不愉快的眼神瞄了我一眼，帶有責怪的意味，這時我才發現他的雙耳塞著耳機；原來在聽ipad，難怪他沒能聽見我剛才的提醒。

這就像是丹尼爾．高曼在他的ＳＱ社會智能中所提出的觀點：他們遨遊在自我的天際，完全不顧旁人的提醒，自顧自的聽著音樂，察覺不到當下環境的變化，這時他們是活在自己所創造出的世界當中，封閉自己的聽覺，漫不經心的，將環境活動的任何人類物化。

一—二 喝雕刻的奶水長大的

兒好要靠娘，稻好要靠秧。現代父母教育孩童的方式也有了明顯的改變；我在咖啡廳用早餐時經常看到父母教育孩童的戲碼，當孩童坐立難安時，父母不假思索啪！亮出iPad只見孩童立刻安靜下來，興高采烈把玩著觸控式平板電腦中的遊戲；似乎教育或操控孩子的行為只要螢幕表情，不需父母慈愛的神情，一切就會安定下來。

不知各位是否發現，孩童們緊盯電視畫面不放的一個社會現象；我曾針對卡通頻道畫面做觀察，我初略的發現，卡通頻道為何會讓孩童目不轉睛；首先，視覺焦點是電視節目幫你鎖定，他要讓你看什麼你就得看什麼，不必自己主動發掘，所以眼球活動的範圍非常狹小；其次，卡通變換場景、顏色、動作與聲音等畫面，平均是二—三秒鐘（保守估計是平均），有些卡通節目甚至每一—一．五秒就變換，這當然會把孩子的視覺和屁股黏在螢幕和座位上，如此就會減少孩童自己主動學習的動機。

有一位法國學者，對全球七十二個國家的二十五億電視觀眾進行調查研究，發現每人每天平均看電視三小時三十九分鐘。日本人最久，平均達四小時二十五分鐘。這麼長時間的看電視當然會減少與家人之間的互動，而互動減少也就減少了情感交流的機會。

我們自幼學習如何解讀別人的情緒，是透過自己與父母彼此情感的相互交流；微笑、生氣、討厭、表達事情的方式等等，米開朗基羅說：「我不僅喝媽的奶，還與母奶一起喝下雕刻的鑿子與槌子長大。」這些都是非常重要的學習與解讀的關鍵時刻，也是滋養一個天才最重要的場域。但是，由於我們都希望孩童不要影響父母的作息，經常藉助遊戲與電視來幫忙教育孩童，使得孩童第一時間減少了學習情緒解讀的能力。

孩童與父母面對面的互動，除了情緒解讀之外，模仿也是非常重要的課題；發展心理學家艾克曼（Carol Eckerman）的研究，顯示「模仿」這個行為跟孩子的語言溝通有很強的聯結。當小孩子不知道該怎麼互動時，他們會玩模仿的遊戲。小孩玩模仿遊戲越多，一年或兩年後，他的語言能力會更佳的流利。所以當父母或是鄰居和小孩子玩角色扮演時，小孩子通常都玩的相當起勁；無論是扮演醫生、律師或是小販，小孩子都會玩的不亦樂乎；而模仿好像是個前奏曲，幫助很小的孩子做語言的溝通，模仿也會幫助加速自己和他人的親密關係，這應該是同理心的第一步。同理心是社會共同認知的基礎。我想米開朗基羅自小就不斷在雕刻與槌子敲擊環境下長大，因此創作了無數感動人心與傳奇的藝術作品，例如放在佛羅倫斯的大衛雕像，與聖殤（聖母悲慟的抱著耶穌的屍體）令人動容的雕刻作品。

我在大學教書，其中有一堂課是希望同學們分享，在消費過程中發生過的感動服務故事，但是同學們的反應如出一轍—不容易吧！「感動」的服務故事是比較少見，但是要讓我們感到很

「激動」的服務反而是處處可見，信手拈來隨時都有素材可以交功課。細細地想起同學們的體會不無道理；科技化、組織化與效率化的商業社會中，我們對於服務對象的關注將會越來越低能。

在服務的過程中同理心是核心，如同教人要教心，澆花要澆根一樣的重要；有一回我在大賣場購買DIY的儲物式鐵架，回家按圖索驥開始組裝，即將大功告成的一刻，卻發現缺少零件，因此再度回到大賣場請求協助。賣場人員告訴我，我得把缺少零件部分的支架拿回賣場，才能更換新的零件。我說：「那我押證件或是押錢給你總行了吧！」這位老兄回辦公室稟報經理，回來之後告訴我，我們經理說很抱歉，還是要我把零件相關的支架拿回賣場，才能補我零件；於是我就對著賣場所設置的攝影機說，請經理下來我來跟他說；賣場人員見狀發現事態嚴重，乾脆自作主張直接把零件和支架送給我了，但是這樣的處理有效嗎？

當然是挽不回對這家賣場的信賴與好感！況且，我還必須把花二小時組裝的儲物架，全部拆開拿到新的支架零件再組裝回去，為了鐵架耗上一整天；只要認個錯，什麼都算過；您說這位坐在辦公室的經理能了解顧客的處境嗎？我想，這就是同理心不足所會發生的窘境。

一—三 都市化的發展也是冷漠的殺手

我們生活在社區之中是有生存價值的道理，我們演化出細緻而敏銳的溝通與守衛技巧，在群體的相處之中找到幸福。人類在大自然當中相當弱勢，需要很多技能才能生存（沒有保暖厚重毛皮保護、快速逃脫與衝刺的能力，或是龐大到嚇人的身軀），我們結合在一起可以補足個人的缺點，也擴大人們的能力。原始部落型的生活資源不足，都市化發展後生活更加璀璨多采多姿，相對的也產生了社交冷漠。早期的生活居住環境無論是鄉村、部落或是眷村等，前村後院住的鄰居幾乎都熟識，無論洗衣、洗菜、家庭手工幾乎都會有一群鄰居毗鄰而坐，相互交換心得聊聊教育、生活智慧、家庭生活等等，互動相當的密切，同時在巷弄間巧遇也能駐足問候與關懷，這樣的互助性社交對於社區的安全與生活的融合，具有一定程度的幫助而且有益健康。

根據戴斯蒙　莫理斯（Desmond Morris）所述，人這種動物，部落型社區的生活雖然溫暖，但是資源畢竟不足，無法供應多樣化的生活需求；為了滿足人們的永無止境的欲求，部落逐漸擴大成為大都會。而由原先部落型的百餘人擴充到逼近百萬人的大都會，也由原先的噓寒問暖你來我往，逐漸演變成眼不見為淨；雖然滿足生活所需的內涵增加了，同樣的人口的膨脹卻是陌生人的天下。陌生人讓我們減少對話、減少目光的接觸、減少訊息的傳遞以及減少了當人碰到窘境時為對方伸出援手的互助行為等；假如我們將部落型的生活行為移植到大都會的生活圈當中，那一定會生活的毫無效率而且會疲憊不堪，相信各位都能想像這樣的處境。

有一回我在馬路上看到一個怵目驚心的景象，一部摩托車停靠路邊還在發動著，車子後面一位先生扶著正躺在地上女士頭部神情相當不安，那位女士身體不斷的顫抖，這景像相當不尋常，路過汽車放慢速度只為觀看，不願協助就揚長而去，更奇特的是路過的行人神色忡忡，也有情侶手牽手濃情蜜意，從這對無助而需要幫助的人面前，視若無睹漫步經過，絲毫沒有任何有心人士願意停下腳步關心，幫忙維持交通也好或是打電話叫救護車也罷！真是令人感到不適；這時，我停好汽車走過去先關心先生需要什麼幫忙，然後打電話叫救護車，之後馬上幫忙維持交通秩序，並且確切的指引救護車抵達其正確位置，同時幫助他們注意身邊的物品避免有所遺漏。

像這樣的案例在都會之中比比皆是，小到日常生活所造成的不便，大到同理心不足所造成危及生命的事都可能發生；例如有一個實際的案例就發生在我的眼前，過程可說是驚恐萬分；這是我搭台中的公車前往沙鹿的路上所發生的；當我正進入夢鄉時突然間的吵鬧聲把我吵醒，我想坐公車有什麼好爭吵的，我想一窺究竟，原來是公車司機和一位老人家在爭吵，只見公車司機一直叫老人家下車，因為公車司機誤以為老人家給的銅板不足，因此要趕老人家下車，更糟糕的是這位老人家說的話沒人聽得懂，這時司機就越發憤怒，把公車停在路邊，一把抱住老人家丟下車門一關，甚至把巴士倒退，不慎輾到老人家，把他的雙腿輾斷了，我正經歷一場驚魂記，這個體驗我永生難忘。

後來司機被判殺人未遂！其實這位司機只要靜下心來，體會一下坐這段公車的乘客，大部分是老人家（這不代表我也是），他們都習以為常的坐這段公車路線；司機質疑銅板不足再加上聽不懂對方的言語，司機大可請旁人幫忙了解到底老人家說些什麼，並提醒老人家如果銅板不足下次一定要帶足，不然就無法搭載他了！這樣也不會落得老人家差點送命，司機卻被判殺人未遂，才不過十五元範圍內的事，卻因同理心不足造成這樣的憾事，真是得不償失！

都市化的發展如同劍之雙刃有利有弊；大都會最多的人，不是男人或是女人，也不是年輕人或是老人，而是陌生人；陌生人最大的特色就是冷漠與事不關己，這樣的現象逐漸擴散到工作場所、住家社區與消費場所等等，甚至進一步的影響了周圍的朋友；大家似乎生活在一個生活機能良好與超級便利的大型監獄中，例如每天乘坐的公車不就是運囚車嗎；用餐時間要根據上班休息時間，不就是像監獄當中的放風時間嗎；回到家中關在充滿鐵窗的公寓當中，不就像是牢房一般嗎；所以，看似便利自由的都市化生活，其實是把人們特意關在超級都市化的牢房當中。

- **服務業的蓬勃發展其基礎核心，正是熱忱以及同理心，這是服務的雙翼缺一不可，服務的卓越性必須要有這雙翼才能展翅高飛。**

濕手撈麵粉—撇不開，也放不了；科技主導生活的脈動也好，都市化的先進機能也罷，這些都直接或間接地造成冷漠和缺乏同理心重要的禍首之一；服務業的蓬勃發展其基礎核心，正是熱忱以及同理心，這正是服務的雙翼缺一不可，服務的卓越性必須要有這雙翼才能展翅高飛，因此，服務首先得要重新回到這個基礎點上，才能創造卓越的服務，進一步呈現感動的服務。

一—四　組織與制度化的發展是同理心的絆腳石

對於企業而言，成長是大家共同的目標，無論是事業版圖的擴張、營收的成長、產品的研發、管理效率的提升、顧客價值的創造與市場佔有率的提高等，企業總希望開展出藍海般的市場策略，以免在紅海當中萬頭鑽動，毫無呼吸的空間。

天上星多月不明，地上人多心不平。組織化與制度化的誕生，專業分工與權責切割，無論是功能性的組織設計、矩陣式的組織規劃亦或是產品別的組織設計，以及各種規章的設計是讓組織運作的更有價值與效率，以免造成一團人事卻無濟於事，所以這些都是相當聰明的做法；但是，任何措施總有優點與相對帶來一些必然的後遺症。

我曾在一家飯店遇到過以制度回應顧客的窘境；該飯店住房率很低，櫃檯人員似乎也因為生意清淡顯得冷漠；櫃台服務人員介紹使用飯店三溫暖需要三五〇元入場費，我詢問是否可以免費招待，櫃檯人員回應不行喔！如果招待您使用，那我們部門得轉二五〇元給休閒部門，我們有經營成本考量很抱歉！這應該是利潤中心制度所導致的分割性思維，況且這是內部的管理語言實在無需解釋給顧客聽；當天飯店住房率低，只有幾位房客前來住宿，要讓顧客有個難忘的體驗非常容易，於其計較轉換的成本，不如為今晚住宿的旅客創造一生最難忘的住宿體驗，那不是一個最佳的口碑行銷嗎？

知名品牌電器用品也有這樣的現象，當顧客所購物品需要維修服務，打電話到原先購買的服務據點，電話那頭的店員會給與冷漠的標準答案：「我們這裡是銷售服務部，維修請打0800……，嘟嘟嘟……（電話掛掉的聲音）」。為何店員會叫我們重撥呢！因為那不是該部門的職責，所以要請顧客自行判斷什麼問題找什麼單位；例如，有些飯店房間的電話也是如此設置，房務請按＃5，工程請按＃6，洗衣房請按＃7，餐飲部請按＃8，櫃台請按＃9；把所有的顧客都當成飯店的專業經理人，每一個顧客都能夠清楚分辨，什麼樣的問題，該找哪個單位嗎？我想大家應該很能理解這種現象問題出在哪裡。

早期的銀行也是如此，辦理存款業務、結匯轉匯、繳交帳單費用等等都由不同窗口辦理，經常得抬頭看窗口上方的牌子服務項目為何才受理相關服務；現在，抽號碼牌任何業務任何窗口均可辦理，而且銀行為了節省顧客的時間，有些銀行會設置信用卡繳款箱，有些銀行的部分業務在便利商店或是網路窗口均可辦理，服務是越來越便利越來越人性化。

朋友與我分享在郵局領信用卡的掛號信故事：抵達郵局時，櫃檯人員說需要證件和印章，朋友說：「很抱歉，我只帶了身分證沒帶印章。」，櫃檯人員堅持證件不齊全不能領，而本人已經抵達現場了為何不行呢？難道印章比本人更具有公信力嗎？櫃檯人員說：「是的，這是郵局的規定！」我朋友差點昏倒，真是不可思議！還有一回排隊買車票，前面有位一眼就能認出是身障的朋友，買車票時未帶殘障手冊，購票人員宣稱沒有證件不能優惠，這位身障朋友說，難道我這樣看不出是身障者嗎？賣票者還是堅持沒帶證件就是無法優惠；雖然有很多人會鑽法律漏洞享受社會福利，但是身為服務業的我們未能有效判斷，對於大部分守規矩的民眾設計彈性應對方案，哪還需要人員來服務顧客，用購票機器就夠了無需由專人來服務。

在服務傳遞過程中安排人員服務，有其意義和價值判斷意涵，不似機器般的僵化，只要按鈕就可以完成服務，顧客的需求全部展現在螢幕的面板上，毫無商議的空間也沒有情感交流的必要；因此，安排服務人員，除了要彰顯無形服務有形化的價值之外，更重要的是為顧客帶來美好的消費體驗**以及創造價值判斷能力的使命**；但是，服務人員往往忽略這樣的使命，當顧客的需求狀況與公司規定不符合時，一句「公司規定」就算服務完畢，這和機器服務實在沒什麼分別！

- **服務的過程中安排服務人員，除了彰顯無形服務有形化的價值之外，更重要的是為顧客帶來美好的消費體驗以及創造價值的判斷能力的使命。**

一則因公司規定的服務規則，讓顧客大為光火的案例：有些餐廳或溫泉飯店櫃檯旁，都設有一二〇公分的計算標示，假如顧客身高超過一二〇公分就要以成人的身分進行消費；一家溫泉旅館分設男女裸湯，有位常客帶兒子一起洗溫泉，這二年來常客的兒子一瞑大一吋，終於由兒童成長超過一二〇公分，這位常客櫃檯人員都相當熟悉，因此無需檢驗身高就可以兒童票的優惠進入溫泉區使用；有一次這位常客慣常般的使用溫泉，卻遇到新報到的同仁不認識常客，因此要求這位常客的小孩比對身高，結果剛好一二〇公分，這位新同仁要求顧客出示成人票券方得入內，常客好說歹說越講越生氣，這時新手立即連絡主管前來處理；主管一到場了解狀況之後還來不及反應，常客就說這個身高標示有誤，沒想到這位天真的主管立即拿出捲尺測量，理直氣壯的說，您看這個標示是正確的，很抱歉根據公司規定請購買成人票券！這位常客臉上無光，拿著行李無奈地說我們以後不會再來了！

這種情況就是太過制度主義，忽略人員服務應有判斷能力與溝通能力；回到故事開頭的場景：對方是常客，服務人員應可先讓顧客以優惠的兒童票方式進入使用，同時請顧客配合服務條件，於下次使用時以成人的身分使用，顧客雖感到不滿意但還可以接受，相信顧客應能體諒公司的服務政策。

挑沙填海—做憨工；組織與制度化通常在某些情況下，方便管理階層領導與企業經營管理具體化決策與運作，但是，在服務業的**運作過程中，顧客需求渾沌不明，服務人員就須扮演偵測顧客需求的角色**；因為顧客的需求隨著消費者的人口變數、消費的目的、口碑的宣傳、過去的消費經驗、服務提供者的服務保證、消費時空的不同、季節的變化、消費角色的扮演、情境的催化、身體的狀況、情緒的變化與預算的高低等等，都會激發顧客對於需求的滿足與期待的多樣化；因此，企業的經營者在進行服務管理相關工作時應經常審視，這些制度對於組織的優點何在，對於顧客又有甚麼好處？而對於企業的缺點何在？對於顧客人性上限制與可能造成的缺點又是甚麼？如何彌補組織化與制度化執行時，可能會造成的顧客不滿意的缺口，都必須加以探討，才不至於造成服務的缺憾。

上述的說明從空中鳥瞰可俯視全貌，如欲進入層疊的山巒一覽眾山，則必須由山底往山頂邁進才能知曉一座山的始末。顧客消費時代的演進，就如同爬一座山自山下開始行走，經過半山腰再達到頂峰，才知道不同的高度景色截然不同。因此，我們將顧客消費時代的演進分成有沒有、好不好、酷不酷還有美不美等四個階段來進行探討。

一—五 顧客消費時代的演進

誰告訴你輕視技法呢？
毫無疑問，技法不過是一種手段，但是輕視技法的藝術家，
就像一個忘記給馬餵料的騎馬人。

非常明顯的，
如果素描缺少工夫，顏色處理不當，最強烈的感受也將無法表達。
解剖學上的不正確更會令人發笑。
藝術家本欲打動人心，
卻由於他們 沒有經過嚴格的訓練，而時時暴露他們的缺點。

——羅丹

一部二十四史──從哪裡說起；我們常說人和氣候一樣變化多端，這也難怪希臘的戴爾菲神殿上刻著二行字：「認識你自己，凡事勿過度」。的確沒錯！認識自己相當困難；我記得美國遭受九一一恐怖攻擊，由於維安的關係機場關閉很多天，飛機無法正常起落載運乘客；有好事的記者訪問被限制在機場的旅客，請問他們在機場三天無法動彈有什麼看法；旅客說：「這算什麼，比起那些因恐怖攻擊而死傷的民眾來說，我們幸運太多了，我沒什麼好抱怨的。」在一般的情況下不要說飛機延遲三天起飛，就連延遲個三十分鐘旅客應該就會暴跳如雷，要求航空公司給交代補償措施等等；可見人是具有相當程度的彈性。這一刻心急如焚，下一刻安然自在；一會兒嫌產品太貴，一會兒覺得物超所值；人是有意志的，有意志就會有慾望，有慾望就會有需求，有需求就想追求，追求有時遇到阻礙，有阻礙就會產生情緒與價值的判斷；這一連串的過程每個消費個體都有不同的反應，因此我們可以說消費者需求變化多端。

對於從事行銷工作者而言體會更加深刻，但是環境無論如何變化，總有些蛛絲馬跡可供掌握；為了討論的方便性，我們將顧客的購買行為概略的抽象化，以分階段的方式來進行闡述，以便能掌握顧客在不同的發展階段所重視的訴求；以呂鴻德教授曾提出消費者時代演進的概念，分成四個階段加以延伸探討，而這些階段無論是從產品提供者的角度、產業競爭者角度或是顧客需求角度而言，進行分類以便清楚了解各階段的特色與購買決策關鍵因素為何。

矮子過河—越走越深。這四個階段分別是產業中「有沒有」相關產品的提供，到競爭者之間所銷售產品的品質「好不好」，接著產品與服務有無客制化做得「酷不酷」，到顧客消費過程中的體驗是否能觸動人心產生「美不美」的感受，越發展越精緻越具深度的人文內涵；而這四個階段服務提供者和顧客之間的關係深淺也有顯著的轉變，可說雙方的關係由交易導向的思維到關係導向思維進行發展。「交易導向」：顧客看起來都一樣，服務完全標準化，無視於顧客本身的差異化；「關係導向」：則是加強目標顧客的滿意程度及忠誠度，不斷的改進品質、推出新的服務滿足顧客需求、探索顧客的未言明的需求與不斷向顧客學習與改進，所以比較能夠與顧客維持長久的關係。（圖1-1）

有沒有階段：

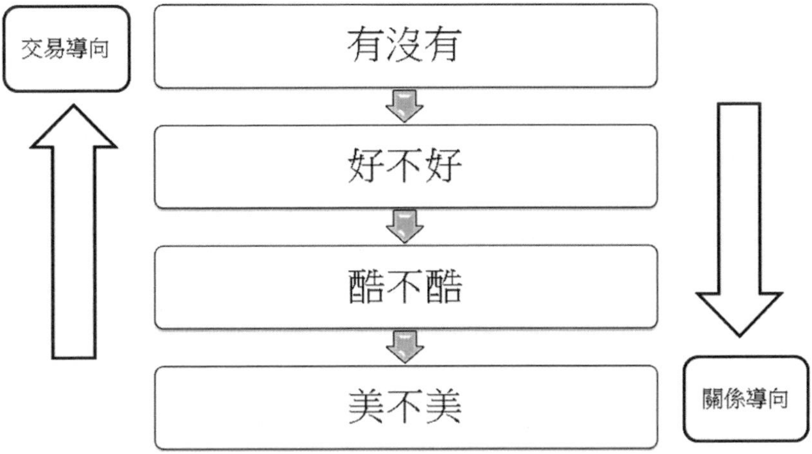

圖1-1：消費者時代演進的概念。

孫悟空遇見二郎神—看誰變得快。當市場推出一項商品能滿足顧客的需求時，只要企業即時掌握商機即可獲得顧客青睞，因此這個階段我們稱之為「有沒有」的階段；當蘋果電腦出產iphone時當時這種觸控式螢幕掀起一陣狂潮，消費者以握有iphone來展示自己的時尚與科技前衛者的優越身分，當時蘋果的股價以衝天之姿席捲美國華爾街股市。

企業能夠創造與滿足顧客需求的商品，一般而言具有先進入者的優勢；當商品的市佔率越來越高時，競爭者絕對不會袖手旁觀，htc、SAMSUNG等等各大電子科技業廠商同時登場，提出更多能滿足顧客功能的產品，一起搶食市場大餅；此時，競爭環境與顧客的需求開始追逐另一個層次；因此悄悄的進入次一個階段，開始比較產業中誰的服務與產品的品質比較好的階段，於是乎「好不好」開始登場。

好不好階段：

三千門下士，七十二賢人－各有各的長處。當競爭者投入提供與企業相同的產品給顧客時，訴求的特性可能是功能、品質、價格、服務等的改良與提升；顧客將有更多的選擇自然會選擇更好的產品，「好不好」的階段迷漫市場；在有沒有的階段所重視的管理手段強調的是TQC（全面品質管制）的手法，但是到了好不好階段顧客所重視的是超越期待的服務與產品品質，因此所重視的管理手段開始走向TQM，也就是全面品質管理，品質的要求已經不能侷限產品方面，還須講究整體企業的品質文化與意識，企業全員參與品質的提升，已成為全公司的內在基因。

以下有些案例是以品質為導向的服務保證，例如華碩強調：「華碩品質，堅若磐石」，而達美樂提出：「三十分鐘未送達免費！」統一企業三好一公道。而最具經典的案例是麥當勞企業的關鍵成功之一是不斷加速生產與服務，又能維持高穩定度的產品與服務的品質。一九九五年底，該公司即宣佈，做到在九十秒內讓店內的顧客完成點餐作業，而讓「得來速」窗口等候的顧客不超過三分半鐘等；但是，當產品品質維持一定程度，顧客的期待品質與價格得到一個均衡狀態時，此時顧客的焦點逐漸轉到社會性的功能，也就是希望能和別人有所不同，此時顧客的購買力趨疲，廠家為提高市場佔有率開始進行促銷活動或是服務差異化，推出量身打造的產品或服務來吸引顧客的注意，並期望與顧客產生更緊密的關係；這個階段開始進入到客製化的階段。

酷不酷階段：

王母娘娘下廚房——親手打造。這個階段是關鍵時期，從原先有沒有的階段到好不好的階段，顧客所關注的焦點都是以商品為主，廠家所提供的服務，為了提高服務規模與擴大營業額，所提供的服務都是一模一樣，也就是廠商將顧客看作一模一樣，這樣的服務即屬交易導向階段；假如我們和顧客沒有建立起一定程度的關係，顧客非常容易因競爭對手的競爭性行動，很快的就會轉移到其他廠家購買；有研究指出開發一個顧客是保有顧客成本的五倍，因此，廠家發現保有顧客還是比較划算，所以開始希望能和顧客建立起緊密的關係，所以開始詢問顧客需求，願意為顧客提供規格性以外的服務，以便墊高顧客的移轉成本，這個階段的廠家就從交易導向的服務規畫轉向關係導向。

但是當我們提供客製化的酷式服務時，別的競爭廠家都來比酷，顧客很容易就會習慣產品與酷式服務是習以為常的，這種習慣會降低吸引力，顧客也喪失注意力，很自然的原本以關係導向為規畫藍圖當顧客有了充足的體驗，服務劇本就不再具吸引力；所以不難發現這是否和人際關係一樣呢？關係是要頻繁的高品質互動，才能建立好關係。

美不美階段：

林志玲坐飛機——美的上天了。當酷不酷的階段已經不具備差異化時，顧客需要一個更具有高度體驗的產品與服務，並且能在面對面接觸時留下難以忘懷的高度體驗，因此，結合美學藝術、人員服務、文化觀光以及環境五感的規畫，跳脫現實進入一種多感官的整合世界，顯得相當重要，觸動人心的體驗消費於焉登場。在體驗消費的領域當中，顧客冀望進入一種氛圍，引發一連串新奇而具經驗價值的服務消費。

在人員服務方面，越來越回到人文的出發點，而非以交易導向將所有的顧客看做一模一樣，沒有生命色彩的社會性角色，所以注入尊重與關懷，便顯得非常重要；因為效率和速度正是人文接觸的殺手，就像夫妻間嫌惡的表情，是幸福婚姻的殺手般具有爆破性的影響力；所以，在人員服務上對待顧客的過程中迎賓是否周到，接待是否周全，服務態度是否親切，人際互動是否順暢，專業知識是否足夠，服務表演是否到位等等，對於體驗消費的價值彰顯，起了非常重要的關鍵（這個部分在下一個章節會詳細討論）；因此，在美不美的階段感動服務是撞擊人性的深處的關鍵性方案，人員服務表現的能力，能辨識與偵測顧客尚未說出的需求，並以溫暖的態度提供服務；同時，顧客所提出的獨特需求，要能有效的回應，同時以近似表演般的滿足顧客需求，如此方能創造美不美階段的核心能力。

一則感動服務的故事，正是美不美階段的最佳寫照；有一位男士想藉由美景在夜晚星光的映染下求婚；藉由感動的求婚記，對女方的愛與幸福做出一生的承諾。

當用餐的時間來到關鍵時刻；餐廳的經理已安排好美麗的花束以及戒指準備一起遞上；就在

定情物出現時，女方已相當驚喜，窗外突然出現巨大的聲響，緊接著一陣陣火花點點佈滿整個窗外的天空，女主角相當驚訝！是煙火耶！兩位新人頓時望著那璀璨的煙火，不發一語，真是美呆了；兩位新人的眼角已泛著淚光，就像珍珠一樣的隨著煙火的亮度閃爍著。

這煙火持續了約三十秒的時間，當煙火消失在天空之際，女主角已經倚靠在男主角的懷裡，哽咽的說出：「我願意！」這時現場所有用餐的賓客，好像排練好似的人人手持玫瑰花，一一獻上祝福，這時的男主角也非常驚訝！為何會有突如其來的煙火秀，再加上大家的獻花，正百思不解的同時，餐廳經理站在遠方，用眼神給予最溫暖的祝福，這時男主角恍然大悟，原來這一切超乎預期的劇情，是餐廳經理額外安排的，這時男主角用眼神告訴餐廳的經理，道出一生的感謝！

這樣的服務超出顧客期望的水準，並能感受到顧客深層的需求，這樣溫暖近似表演般的安排，不就是美不美階段人文的最佳寫照。

相信這對新婚的夫婦，未來不論是結婚週年紀念、小孩滿月、家族聚會等等，這個創造感動的劇場，將是這對新人一生最美好回憶喚醒的舞台。

感動服務問題討論便利貼

1. 我們的顧客是那一類的群體（人口統計變數）？
2. 顧客是誰（個人）？
3. 我們的常客是誰，每位服務的員工請列舉十位？而他們的獨特需求各有哪些？

第二堂課 感動服務的萌芽

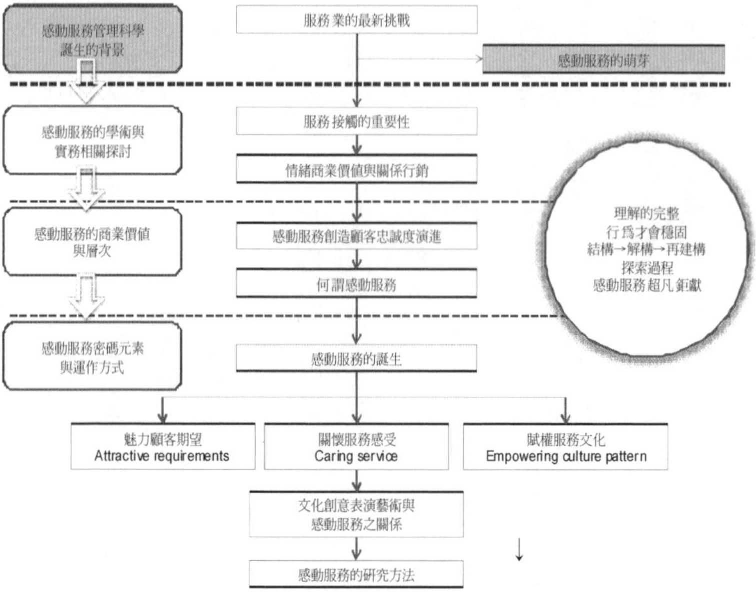

只有用心看才能真切明白，最重要的事往往被眼睛給蒙蔽了。

—法國小說家聖・修伯里《小王子》—

如果用人的結構「身」、「心」、「靈」來比喻產業的發展階段

現在產業正達到「靈」的階段

二—一 感動服務是靈的境界

不知是何時開始發生！這情境好似各個民族文化傳說的開頭，從無到有何時迸發何時轉化，都是不著邊際的演進而來，偶爾站在河畔望著潺潺的流水，不知河流如何形成，除非以整體俯瞰的角度才能總覽幅員，劃分出上游、中游與下游。

一個似乎亙古不變的現象，其實正在發生變化。全球總體環境瞬息萬變，身處世界商業貿易一員的台灣，也經歷了一波波伴隨而來的產業發展與革命，激發了成長所創造高績效的表現，如此的演變，誕生了一系列重要的管理哲學與方案。

早期台灣物質匱乏的年代，經濟的起飛帶動了產業、技術與人才的蓬勃發展；一九一二年第一部汽車引進台灣，現在台灣銷售的汽車品牌不計其數；根據中華民國美術設計協會所策展的「台灣視覺百年設計特展」中精彩描述歷史演變的過程；一九一七年飛機為戰場上的新式武器，現在航空運輸發展在天空交織成嚴密的網絡；一九三三年公營巴士正式上路，現在高鐵已將台灣改變為一日生活圈；一九四五年世界第一台電子計算機ENIAC正式誕生，現在電腦的運算功能

無所不算，其驚人的效能為人類開創各種新的可能性；一九五一年黑松汽水發表瓶蓋型商標，現在飲料的發展種類，據估計每天喝一種飲料也要喝上十年，才能完成各種品牌的口感體驗；一九五三年好萊塢出現立體電影，直到今日電影3D動畫版如雨後般春筍冒出頭；一九六二年第一顆人造通訊衛星航向太空，今日GPS全球定位系統無所不在。而這十年來知識發展的速度，是人類歷史知識發展的總和，速度之快令人嘆為觀止。

在人類的生命繁衍當中，氣候的變遷影響著我們生活的節奏，也改變了我們的生存法則。管理的技術與方法，隨著環境的變化也不斷的創新；因此，過去所強調消費者滿意的觀念，也逐漸被具有深刻情感的感動服務所取代；消費者的滿意感受，已是消費需求最基本的門檻，消費者見多識廣經驗充裕，一般服務的流程與劇情內容，消費者大都能相對臆測，例如旅館住宿與用餐、加油站加油、購買電器用品與醫院看診等等，其演出劇本人人皆能預期；況且現今消費者的選擇日漸多樣化，單就房地產仲介公司、汽車、航空公司、旅館民宿、餐廳、大賣場、美容微整型、醫院乃至於便利商店等，這些滿足消費者需求的選擇琳瑯滿目，服務提供者要在競爭環境當中異軍突起，勢必得有非凡的作為方能創造突破性的績效，並與消費者建立緊密的關係。

- **過去所強調消費者滿意的觀念，也逐漸被具有深刻情感的感動服務所取代**

因此，只要服務提供者多一份心思與熱忱，提供細緻而貼心的服務，用心的迎賓接待，消費者也都能明顯的偵測與感受；同時，消費者也經常主動參與服務的過程、提出服務建議或分享關於服務的方法或觀念給服務提供者參考；消費者越來越願意以自助服務的行為參與服務過程，如此增加體驗的感受，服務失敗機率也降低不少，並且可以節省時間和成本。

服務是行為科學的一部分，技術門檻較低，因此在服務的過程中，能在消費者心目中留下深刻的印象是極為重要，消費者再次購買商品的選擇是回憶喚起的過程；所以一個索然無味的自我介紹，是無法激起群眾的共鳴；服務提供者能夠提供超越消費者預期之外的服務劇本，驚喜之情不言而喻，此種情緒即是加深記憶非常重要的過程，而感動服務正是深化消費者印象與促進消費者再購意願的最佳方案。

- **在服務的過程中，能在消費者的心目中留下深刻的印象是極為重要的，因為消費者再次購買商品的選擇是回憶喚起的過程。**

攤開地圖才能知道目前確切的位置，因為人們期待著一種確鑿的證明。各個產業的發展脈絡，有曲折有瓶頸，有快速發展有停滯不前，顧客重視優惠方案也有重視雙方信任關係的建立；感動服務是與顧客建立關係最佳的方案，我們列舉六大產業來思索與顧客建立關係的重要性，如何在行銷方案中躍升為主流；被選擇出來探討的產業，必須是服務提供者直接服務顧客本身為主的產業，例如購買電子產品、醫療服務、飯店、房地產、航空運輸旅客以及汽車產品等，而這些產業在傳遞服務價值的過程中，均須確認消費者需求、消費利益、服務過程與重視服務接觸的相關產業；以下我們將一起展開各產業的實況報導。

二－二 各產業現況報導

國際觀光旅館

產業的發展悄悄的著陸，台灣國際觀光旅館設立的成長歷程，隨著經濟起飛而開始擴張。根據交通部觀光局的統計資料顯示，二〇〇五年全台灣八十一家國際觀光旅館總旅館房間數二一四三四餘間，年營業總額達六六一二〇百萬元，至二〇〇九年約有九十四個家國際觀光旅館，總旅館房間數高達二二二八四餘間，年營業額高達七四〇三一百萬元，成長約一一．九六％。目前預計興建中的旅館房間數，將於二〇一三年以前，新增房間數總共增加一三五三九餘間，加上現有新增的房間數合計將達三五八二三餘間，與民國九八年相比成長近六〇．八％。這數據顯示企業對此產業的高度投入，也反應出台灣國際觀光旅館業快速增加伴隨著高度的競爭。這些競爭性的行動，在開發新消費者方面：諸如旅館設計更加豪華具有主題性、推出住房專案、舉辦主題性的美食節、開發婚宴市場、簽署公司契約優惠消費者、節慶促銷、開拓會議展覽產業MICE（會議 Meeting、獎勵旅遊 Incentive、大型國際會議Convention 及展覽 Exhibition）及積極爭取政府的標案；維持消費者忠誠度方面：紛紛導入顧客關係管理（customer relationship management，簡稱CRM）資訊系統、推出餐飲會員卡方案及提高服務品質來增加消費者滿意度等方法，以維繫消費者良好關係進而創造消費者的忠誠度。

近幾年來，飯店業者在面對競爭者的快速成長，為了確保各自的市佔率，紛紛針對開發新客戶與維持消費者忠誠度方面努力耕耘，而個別化、差異化的服務，是現代服務的特點。服務品質與消費者滿意一直都是大家努力的焦點。

就飯店服務業而言，為了提高消費者滿意度來鞏固消費者，在服務與管理的工作上，約有二十一項關於品質的管理制度以維護服務品質；但是在服務品質不斷向上提升的同時，實務上卻發現，有些產業的經營績效並未隨著顧客滿意，經營績效顯現差異；由於各家飯店的經營定位不同，提供的服務卻相當的一致，作者曾經有過這樣的經驗，A家飯店的標準作業程序換上名稱，也可以立即上手；這樣似乎可以反映出對於消費者的服務體驗如出一轍，因為大部分的飯店業者每天練的都是同一個基本功，想當然爾演出的也是同一套拳法。

換句話說，飯店產業的策略行動、計畫內涵、管理制度、作業程序與相關的管理會議幾乎類似，也因此營業績效與市場供需成正比，淡旺季的營業起伏一致，如同乘坐同一艘船航行與大海當中，隨著同一個波浪起伏，經營績效毫無差異可言；業界反而受到旅館成立時間的影響較多，對於新開幕的飯店而言，新穎的裝潢與設備是品質線索的主要來源，消費者喜新厭舊的消費習性，促使消費者願意付出較高的價格進行消費。相對於成立較久的飯店，可能會因為過去消費者所受的服務認知與一陳不變的老舊環境，影響了消費者願付價格的高低。

以台北亞都麗緻大飯店為例，該飯店具有良好的服務文化及對於服務品質的堅持與要求，常客佔總來客數達六五％，甚至在全盛時期訂房往往超收到一一〇％。台北亞都麗緻大飯店除了提供較佳的服務品質外，也加入關懷與感動的服務元素，讓台北亞都麗緻創造了不少「感動服務」的故事，在市場中創造無數的口碑，縱使成立超過三十年以上，其設備與裝潢，甚至立地條件不佳的情況下，經營績效仍超過同業水準之上。

你曾接受過這樣的服務嗎？飯店規定員工下班後不得逗留營業現場，但是身為Door Man的老張，有一天下了班之後，卻躲在飯店的轉角，觀看賓客抵達飯店時的狀況，只因為在顧客貴賓的名單中，有一位貴賓老張不認識，所以希望能留下來確認一下這位貴賓的容貌，以便明日早上上班時，能一眼認出他，讓他有賓至如歸的感覺。這還是其中一例，這門衛還真是盡忠職守神通廣大；由於相當關注消費者的需求與主動服務的熱忱，您是否倍感尊寵。所以服務接觸中注入關懷與感動的服務元素，在消費者忠誠度上扮演了非常重要的角色，這也是國際觀光旅館最具核心的服務能力。

目前國際觀光旅館大都專注於績效表現與員工產值，每個房務員應該多打掃幾間客房，宴會服務人員訓練期縮短快速上場立即提供服務，餐飲人員則大量使用建教合作實習生，卻又缺乏專業化的養成過程與適當的輔導，導致實習生視旅館從業工作為畏途。因此，國際觀光旅館業產生了績效導向的思維卻比人文導向的服務精神更佔上風，員工逐漸忽略了人文的服務表現。

同時，國際觀光旅館搶攻團體客層，讓整體客製化的服務越來越被忽略，這樣的服務能力將無法有效提升，優質的勞動力市場亦逐漸萎靡，員工流動率高，消費者的獨特需求服務將無法有效傳承。

- **反轉的劣勢：績效導向的思維卻比人文導向的服務精神更佔上風**

3C零售通路

現代科技的發展改變了我們的生活與商務模式，隨時隨地開啟智慧型手機，即可立即回覆客戶或是朋友相關訊息，不必等到進入辦公室才開始辦公，大大的提升我們的溝通效率。智慧型手機軟體的多樣化，讓生活休閒更增添娛樂的效果，所以3C產業（大型的電腦（Computer）、消費性電子（Customer Electronic）和通訊（Communication）賣場，簡稱3C賣場）的蓬勃發展可想而知；為使消費者便於購買3C產品，通路的架設與經營顯得更為重要，因此出現了（如燦坤、NOVA、全國電子）等賣場通路，帶動資訊科技與通訊產業的買氣，使我們選購通路越來越趨多元。而價格的競爭策略成為產業鮮明的策略之一，因此各地區通路零售專售店的規模與進貨無法與大型的3C賣場相互抗衡。

現今的電腦產品市場已進入低價競爭時代，賣場不斷推出最低價或以無息分期的促銷模式來吸引消費者，這樣卻直接壓縮了電腦專售店的利潤空間。所以，大型3C賣場的出現，對電腦專賣店開發顧客的經營上更是困難，因為大型賣場的各家廠牌樣式多而且一應俱全，電腦或通訊設備周邊商品與零件的種類齊全，滿足了消費者選購的樂趣。大型3C賣場因其具有經濟規模集中採購以量制價的策略下，進貨成本取得優勢，再以強勢媒體廣告主打低價促銷策略，吸引消費者光顧。

・顧客期望以大型賣場的售價，獲得電腦專售優質服務

在資訊普及的時代，消費者對電腦具有一定程度的基本維修能力，已無需太過依賴電腦專賣店的專業維修能力。消費者希望能得到專業的諮詢服務、到府維修服務，因此會選擇提供完整資訊與到府服務的商家購買電腦產品，但是購買電腦商品時又希望價格低廉，且又期望獲得優質服務，造成專售店服務成本的增加，於是，面臨矛盾的困境電腦專賣店應如何去因應。

電腦專賣店面臨上述之困境，強化電腦專賣店的消費者滿意度與提升消費者忠誠度、關係行銷與服務品質是不可忽視的課題；唯有與消費者建立長期持續性穩定的互動關係，博得消費者的信賴將是關係行銷最重要的關鍵，而感動服務即是關係行銷最核心的一項技術與工具，對於建立緊密的消費者關係具有關鍵性的作用。

航空運輸

遨遊天際飛行萬里是現代商務旅客共同的經驗，無論我們是如何選擇搭乘航空公司的班機，你我都有所偏好，出國一定會選擇熟悉的航空公司；而航空公司的班機不停地來回穿梭於全球各大城市之間，飛機本身與機上設備都是有形可見，而各家航空公司的硬體設備極為相似。消費者之所以偏好某家航空公司，或許是基於該公司的班機航線與準時、辦理登機和行李、貨物託運手續簡便、服務作業人員態度友善、飛航安全高等原因。然而，這些都是服務的基本條件，對於競爭激烈的航空市場而言很難建立持久性競爭優勢。

從飛航運輸的觀點而言，飛航技術的快速發展超音速的飛航科技，讓兩點的時間距離大幅縮短，但在縮短飛航時間的過程中，航空公司的功能不僅是提供運輸的服務，更主動扮演優質服務的角色，提供給乘客更獨特優異的服務，方能提高營運效益。

航空業屬於高度接觸服務，在提供服務過程中，服務人員與消費者有較長時間與頻繁之服務互動接觸，每一個作業環結都是在進行情感關係交換，可作為建立良好的消費者關係之基礎。

- **在提供服務過程中，服務人員與消費者有較長時間與頻繁之服務互動，每一個環結都是在進行關係交換，可作為建立良好的消費者關係之基礎。**

美國麥肯錫企管顧問公司二〇〇四年九月針對全球航空公司專題研究後，認為航空業正遭受極大挑戰，過去航空公司高成長和高收益之榮景不再，而促使航空市場不斷變化的幾個因素，包括全球化、低票價和空中旅行的便捷性等，而近年來油價飆漲，造成國際空運市場經營成本提高，競爭激烈。於是各種策略手法推陳出新。從同業策略聯盟聯營、訂購省油飛機、調整航線、成立會員制度辦理常客優惠方案等。從實體設備改善及經營策略的調整，可增加公司短期獲利能力，但是此策略無法長久獲益，航空業應從傳統行銷轉移到關係行銷，並且和消費者發展長期的關係勢在必行。

信任是建立消費者關係和市場佔有率的重要因素。由於航空作業在一個服務運作系統裏，服務人員和消費者的互動表現建立關係與信任，會影響顧客評價航空公司的績效有所差異。消費者忠誠度這項績效指標是航空業相當重視的。針對搭機出國旅遊或出差次數頻繁的常客，規劃優惠方案，其投入的金額往往超過廣告費用。

各家航空公司所推動的方案，幾乎大同小異，給與消費者高度的滿意較有可能成為忠實的消費者，故航空公司必須掌握消費者真正需求與期望；但是，這些方案已成為產業普遍的策略，消費者已經產生刺激遞減的現象，這些方案的巧思幾乎較難讓消費者產生驚喜感，反而是執行這些常客行銷方案時，服務提供者與消費者接觸時的品質才是彰顯價值的最關鍵之處。

- **運用感動服務的深層力量，建立與消費者鮮明而印象深刻的記憶，進而獲得消費者滿意而**

感動的情緒。

因此，激勵服務人員在服務接觸傳送過程中和消費者建立良好的關係，提供高於消費者期望的服務，運用感動服務的深層力量，建立與消費者鮮明而印象深刻的記憶，進而獲得消費者滿意而感動的情緒。例如，曾經有一家航空公司創造了一個相當感人的服務；有一位客人手上握著女兒的照片一起搭機旅行，並且告訴空服員：「我帶著女兒一起去旅行。」空服員明瞭當下的狀況在送飲料時，額外準備了一杯柳橙汁，對客人說：「這是給您女兒的飲料。」客人因此大為感動。這種創造人與人最佳信賴關係的服務，才能達到消費者忠誠度的優質績效。（故事取自《感動服務》田中司郎所著）

醫療產業

早期傳統的醫療院所較不注重管理，因為生、老、病、死是人一生當中自然的過程，醫院不必憂心缺乏病人，但台灣醫療環境早已有了非常大的轉變，醫院的管理者及所有醫院的工作人員意識到，要獲得病人的認同首先必須要把「病人」的觀念轉化為「客人」，並且必須獲得消費者的認同以及好的服務品質與形象。

而醫療業在服務設計與服務專業上有別於一般服務業，病患在某個程度上或多或少能參予提供意見，而醫療服務業則不一樣，提供服務的醫師護理人員以專業掛帥，病患與醫師間的專業知識落差極大，病患能商榷的空間有限，所以基本上醫療業是一個專業的服務，而近年來醫學知識以及民眾主動性觀念的普及，民眾參予醫療計劃訂定及實踐的比重亦越來越高。

民眾在醫療服務的過程中，除了希望得到醫療或健康資訊之外，同時也希望充分享受一個有價值的醫療經驗。如何滿足病患在不同層次的需求，以改善病患家屬的焦慮和壓力以便促使醫療院所，以較適合的因應方式應對病患，建立起良好的醫病互動關係，不但可以維持現有的病患、贏得新的病患，並能提升病患對於醫療院所的病患滿意度。

健保開辦後，民眾健康意識提高服務意識高漲，健保局在龐大財務壓力下，嚴格的審查制度，抑制醫院申請的各項費用來控制高漲的醫療費用。醫院在面對醫療成本的上漲，給付金額卻不增加的情況下，使醫療院所的經營越來越艱辛，更使醫療市場的競爭趨近白熱化。全民健保形成每個病患不似從前只考慮是否看醫生，現在一旦身體微恙很可能立刻去看醫生，而醫生或醫院在病患掛號接受診療服務時，給病患的感受都會直接影響病患對醫院的滿意度；現在醫院經營上，效率也要求更高，與病患診療服務過程中的互動關係，演變成醫院經營績效成敗的關鍵之一。

藉由上述的分析可以得知，民眾服務意識抬頭，健保局的制度推行，加上民眾的教育水準普遍提高而媒體的爆料文化推波助瀾下，醫師由過去著力於醫病專業的權威式服務，逐漸將焦點轉移注重良好的醫病溝通上，但是，在實際的醫病溝通情境中，民眾參與的程度往往造成較複雜的溝通關係，直接或間接地影響到整個醫療溝通的品質與結果。因此，為了提高醫病的績效，提供一個能讓病患建立信賴關係的服務是重要的關鍵，此信賴的關係的建立將使醫師的身分由醫病的專業關係，轉向健康的諮詢與關懷服務的提供者。

- **提供一個能讓民眾建立信賴關係的服務是重要的關鍵，此信賴的關係的建立將使醫師的身分由醫病的專業關係，轉向健康的諮詢與關懷服務的提供者。**

例如，有位朋友曾經和我分享一則他母親看診的經驗；有一回我朋友的母親身體微恙感到渾身不對勁，請我朋友立即送他去醫院看診；當這位母親面見醫師時，立即滔滔不絕的將她的病史一五一十的描述，我朋友告戒母親長話短說，這位年輕的醫師反而好意相勸，接著對我朋友的母親說：「伯母，沒關係！您不用擔心，我幫您用聽診器檢查看看，是否有甚麼線索？」於是這位醫師先用他掌心的溫度融化了冰冷的聽診器，小心翼翼的為母親檢查，同時露出放心的表情，這時醫師接著說：「伯母，您平日保養得不錯喔！您現在看起來是沒什麼問題，我開幾包藥讓您回去使用看看，下次回來複診應該就會有所改善！」只見我朋友的母親突然由眉頭深鎖到眉開眼笑；出了診所之後，他的母親發生神奇的轉變，由原先拖著擔憂疲憊的身軀，逐漸蛻變成健步如飛的芭蕾舞者，到底是甚麼力量改變了這位母親，我想各位都能明瞭，關懷般的醫療服務與溝通也是重要的醫療資源之一。

這樣的溝通品質與社交能耐並且耐心的視顧客如家人般的對待，建立了與病人間的信賴關係，反而對於醫病效率與效果更加的有利。

房地產業

東方人的思想中有土斯有財，房地產的投資與買賣是我們根深蒂固的全民運動；在台灣房地產牽動著經濟發展重要的指標，房地產是帶動經濟發展的龍頭產業之一，一旦交易活絡，隨之而來的金融、裝潢建材、家具，乃至於民生必需品都將引發震動，影響極大。

由於房地產交易頻繁、購屋族的消費意識抬頭與政府的介入，保障民眾購屋的相關權利，對於建商而言強化經營體質是非常重要的挑戰，也因此激發了，建商不斷在建造房屋的技術上引進最新的建造工法，例如抗震的技術、強化建築美學設計、環境共生、生態融和社區公共環境的機能與售後服務，逐漸由優良的產品走向優良的售後服務，也由貨品一出概不退貨的態度，轉變與顧客建立可長可久的關係，並期望顧客以購買某家建商品牌住宅為榮。

由於開發新的建案所需投入的行銷費用，佔整體總銷售金額費用的三～五％之譜，建商所運用的行銷廣告包括報紙廣告、宣傳單、個案簡介宣傳品、電視廣告、廣播宣傳、舉辦活動、興建接待售屋中心、廣告看板等等廣告媒體通路運用可謂萬箭齊發。因此，某些建商開始重視品牌形象與行銷，發展具有企業識別的廣告宣傳策略，為降低宣傳費用紛紛在總部附近設置接待中心，鄰近開發的建案可以共通使用，減少接待中心的建設與破壞；同時與住戶建立長久的顧客關係，並結合文化與藝術的活動，讓住戶的生活品質與文化素養更加的豐富，創造與顧客接觸的機會拉近鄰里關係，強化顧客關係與傾聽顧客聲音。這樣的措施暢通了與顧客的溝通管道，對於關係與口碑行銷起了非常大的作用；因為開發新的顧客不如開發好的鄰居，這樣在開發新案的行銷費用將會降到最低，並達到最佳的獲利條件。

但是，當這些措施已成為房地產業界大家共同努力的方向之後，這似乎又已成為房地產業標準的服務配備，因此想建立長期的顧客關係，就必須要有非常的作為，感動服務即是一項非常完善的工具；例如，某建商於住戶交屋時，木地板尚未裝設完成，就因為考量遷入的良辰吉時須先安置床位；過了一個禮拜之後，請建商施工地板也一併請工人協助床組的搬運；當屋主回到新屋查看時，眼見這一幕讓人感動的畫面，工人除了幫忙移動床位並歸回原位之外，因施工期間擔心屋主的床墊受到汙染，主動協助送洗並留下字條與祝福的禮物，真是超級貼心的服務。

當然不僅於此，有些建設公司主動舉辦房屋健診與住戶個人健康的檢查活動，讓顧客無論在住的品質或生活品質的健康嚴格把關；並且還有建商甚至為住戶籌劃家宴活動，解決顧客惱人的慶生活動或是款待貴賓的巧思，同時在社區之中舉辦諸多的親子活動、才藝課程、運動健身、戶外旅遊、美食料理、美學講座，這種單一活動的舉辦琳瑯滿目儼然提供專業管家式的服務；還有籌畫社團凝聚社區情感如高爾夫球隊、腳踏車俱樂部、讀書會與生態環保推廣社團等等，這樣主動偵測顧客需求的服務，的確能夠與顧客關係牢牢的牽繫在 一起，增加顧客的口碑與關係行銷的價值。感動服務所建立的關係並非建立在一組的市場區隔之中，而是個別化的顧客，藉由個別顧客的感動服務故事行銷傳頌鮮明的企業價值，反而更能有效擴大口碑行銷的效益，專注一點威力無窮。

- **感動服務所建立的關係並非建立在一組的市場區隔之中，而是個別化的顧客，藉由個別顧客的感動服務故事行銷傳頌鮮明的企業價值，反而更能有效擴大口碑行銷的效益，專注一點威力無窮。**

汽車產業

目前台灣整車製造品質已與先進國家幾乎並駕齊驅，近年來大力投入研發設計，推出符合本地消費者需求的差異化產品，並在致力於提升客戶服務滿意度後，國產車已獲得國人普遍的肯定與接納。最近幾年來國產車佔總市場之比率逐年提高。雖然台灣汽車市場看起來前途十分耀眼，但開發一種車款約經濟規模需十萬台以上，台灣的汽車市場能容納的廠家實在有限。

而國產車售後服務競爭環境，已經進入白熱化的階段。隨著客戶需求多變以及市場飽和等趨勢，各汽車廠無不投入龐大資源以及採取策略聯盟方式開發新商品、創造差異化服務，期望能提高客戶滿意度以及再購意願。例如裕隆日產汽車以策略聯盟方式，結合集團內汽車周邊事業與異業結盟之競爭優勢與資源，以發行聯名卡（稱之為NISSAN感心服務卡）的方式，提供車主與「行」相關的優惠權益，期提高車主回廠率以及帶動合作夥伴之業績成長。

除此之外，汽車這樣長期使用的動產，客戶對其服務的需要伴隨定期保養、修理。只有提供好的服務，才能與客戶建立長期穩固良好關係。因此服務不僅僅是服務，也是強調關係行銷。而關係行銷是當前服務業最重要的行銷手法，故汽車修配業的客戶關係行銷、關係品質與關係結果將有助於汽車修配業服務人員在服務過程中發展關係行銷策略，並提升修配業者與客戶間的關係品質。尤其「信任」及「滿意」為客戶較重視的企業與客戶的關係；與服務人員的關係及信任越滿意者，其未來持續入廠及維修的意願將會增加；汽車修配廠有較好的關係行銷活動時，會使客戶對其服務感到滿意以及對維修技術感到信任，故客戶前往汽車修配廠的意願將越高。

- **尤其「信任」及「滿意」為消費者較重視的企業與消費者的關係；與服務人員的關係及信任越滿意者，其未來持續入廠及維修的意願將會增加。**

因此，為了提高汽車售後高水準的服務，紛紛祭出專屬的服務技師或是服務團隊，建立客戶的信賴感，如此更有安全感與人情味，而非面對廣告文宣或是制度般的服務，毫無人文與情感交流；同時國產汽車不約而同在廣告上與內部管理上，推出感動服務專案，例如某家汽車公司曾經有個案例，客戶在偏遠地區發生汽車故障事件，客戶只要聯絡專屬的維修技師，隨Call隨到，同時無需透過總機轉接，技師與隨行人員幫助客戶進行檢查後，立即協助扮演引導車的角色一前一後護送客戶到汽車維修廠檢修，同時，護送客戶安全抵達溫暖的家，同時也安排代步工具供客戶使用，這一連串的款待，使客戶感到超級貼心的感動服務，這正是服務接觸時最佳的典範。

在上述所列舉的各產業發展過程中，台灣服務產業有著相當完整的學習歷程，產業間的競爭策略趨於成熟，競爭性行動趨於一致。例如通路零售業地點的選擇、明亮的空間設計、齊全的商品、低價的策略、累積點數送贈品、良好的物流配送系統、開發創新的便利生活服務等等。而在汽車維護保養服務業而言，明亮寬敞的保修廠、快速的服務、透明合理的零件價格、注重客戶服務的客服接待人員、服務滿意度的調查、安排專屬的技師人員、教導駕車的小秘方等。醫療產業則是引進最新的醫療設備、注重服務的護士和醫師、寬敞明亮的醫院大廳並效法飯店式的氛圍、重視病人的服務、醫護管理更為專業等等。而在房地產業則是注重結構安全、建築美學、銷售與服務高度承諾一體保固、強調社區多元化的服務、飯店式的接待引進管家服務、如天堂般的公共設施、更強調綠色建築與建材與社會公益等等。似乎在同一產業大家穿著不同的運動服，在同一個競賽場地，踏著同樣的步伐前進，這似乎顯示出一種相當大的競賽張力，跟上或遭淘汰似乎在一個瞬間。

而消費者與服務提供者間的人際互動品質，是影響消費者滿意與顧客忠誠度行為意向的主要原因。人際互動是呼應顧客需求與建立顧客關係相當重要的一項技能，所有的溝通我個人認為最重要的是創造雙方美好的感覺，因此根據社會學家的研究指出，社會之中交誼有幾項重要的規則，例如互動時應該要有禮貌、回答問題應該要和問題有直接的關聯性、互動的雙方應力求愉快、不可以使對方有卑微的感覺、任何時候只有一個人在說話、應該表現出友善的態度與行為、應該配合時空的要求穿著體面、應該避免不同的意見、要專注仔細聆聽別人的說話、對話時應該與前面所談的話題相關、人際互動時應該避免碰觸對方，說話最好不要滔滔不絕等社會共同規則；有了這些共同遵守的社會規則，互動的雙方就比較容易建立默契，增進人際互動的品質與關係，這也是國民生活的基本素養，也是論及服務品質之前應有的基礎能力。

過去消費者滿意度相關研究指出，對於真正影響企業經營的消費者忠誠度（loyalty），無論是服務品質或消費者滿意的解釋能力都不足；然而，正面情緒卻是影響消費者忠誠與購後行為的重要變數，在服務過程中注入關懷要素對於消費者再度光顧的意願，均會產生顯著的影響。消費者滿意度對於企業有兩項重要性的指標，分別為「影響消費者再購意願」及消費過後其「品牌形象的形成」，企業通常希望消費者在消費過程中，是令他們感到滿意且令人愉快的，最主要的理由是消費者滿意度高會影響再次消費的意願，及該企業在市場上的品牌形象與口碑。

曾有過一個朋友和我分享一個3C零售門市店的服務故事；有一對姊弟想在父親節送一組電動刮鬍刀的禮物給辛勞的父親，但是觀察很久還是無法購買；其實他們在選購商品時的對話，被店長無意間聽到，原來他們是中低收入戶又是單親，爸爸扶養孩子很辛苦，而這對姊弟也相當的孝順，希望把攢來的零用錢，買個禮物給爸爸慶祝父親節，不過金額還是不足；這時姊姊到櫃台前面詢問再折扣的可能性。這已經是最低折扣了！店員回答。這對姊弟還是不死心的問，還有沒有更便宜的，店員回答這是最陽春型的了，已經是店內最優惠的商品！只見姊姊沮喪的神情不捨的將產品放回架上，這時店長觀察到這對姊弟的誠心，決定出手幫忙他們。

於是店長就趨近輕聲細語的問，小朋友你是要買禮物送給父親嗎？是呀，但是錢不夠只能作罷！店長說沒關係，不過不知你們介不介意，我們倉庫剛好有一組你選購的電動刮鬍刀，有點瑕疵還可以用，甚至外觀看不出來，正愁不知如何處理，我給你個折扣看你能否接受好嗎？小朋友說真的還可以用嗎？店長說你放心如果無法使用我會讓你退貨，小朋友就相當的高興將禮物買回家。過了父親節幾天後，這位父親帶著姊弟到店裏賠不是，以為是她的孩子偷了這組電動刮鬍刀，希望店家原諒；父親誤以為她們買不起一定是用偷的。

這時，店長出來向父親解釋整個過程，父親激動的掉下眼淚拖著這對姊弟牽著她們的手離開店家，此時現場的所有店員鼻子都酸酸的，一股暖流湧上心頭！原來我們不是銷售商品，我們是銷售幸福。

這樣的關懷消費者，貼近消費者的心，對於提高顧客再購意願與品牌形象的形成起了關鍵的作用，這樣的企業怎麼能讓我們遺忘呢！

二－三　消費者記憶的擷取

在消費者行為購買理論中所論及的重要心理的過程，談到消費者記憶的擷取（memory redial），提到資訊是如何由記憶中取出來，也就是當品牌聯想的強度越強，資訊取得的可能性越高，更容易由「擴展的活化記憶」運作過程中回憶更多的資訊；舉例而言，有位媽媽想要給兒子在飯店餐廳中舉辦生日宴會，在訂位時餐廳服務人員預先知道媽媽的寶貝喜歡蜘蛛人；因此，在慶生的關鍵時刻，服務人員事前假扮蜘蛛人送上蛋糕，並叫出小貴賓的名字，所有餐廳的服務人員為共同為他唱生日歌，小貴賓說：「媽咪，好神奇喔！蜘蛛人知道我的名字耶！」（故事取自 The Ritz-Carlton Hotel Company）相信消費者一定留下美好的印象同時產生深刻的記憶。當再次安排用餐計劃時，這位消費者記憶中蜘蛛人生日派對的服務情境，會快速的被喚起，此種難忘的消費體驗與品牌資訊將產生較佳的聯結。

因此，購買的品牌能否被擷取出來，端視消費者思考該品牌時的情境。連結資訊的線索越多，資訊被回憶的可能性就越大。當消費者被良好情境所觸動時，會增強消費者對於該品牌的忠誠度。

- **購買的品牌能否被擷取出來，端視消費者思考該品牌時的情境。連結資訊的線索越多，資訊被回憶的可能性就越大。**

情緒是具有強力連結的功能，能夠聯繫企業與消費者的長期關係，透過顧客正面的情緒與促銷方案充分結合，就能將消費者的情緒轉變為消費者忠誠度，也就是情緒創造出了企業的消費者關係價值，是一種情緒的商業價值。無論何種行業，只要消費者能明顯感受到公司對消費者「關懷」，滿足需求創造出消費者正面的情緒價值，在整體滿意度、推薦意願都會明顯提升，對公司也會具有一定程度的偏好，願意購買公司產品。

所以在服務接觸的過程中，加入主動關懷與感動的元素，對於消費者消費體驗中，產生感動的情緒，對於維持並創造消費者忠誠度，是一項具有普遍性實務與強而有力的價值。

感動服務問題討論便利貼：

1. 顧客的需求與可能的其他延伸需求是甚麼？
2. 顧客購買貴公司的服務／產品其「重要性」因素與「決定性」因素為何？
3. 如何讓顧客感受到他是受歡迎的？

〔第二部〕

感動服務的學術與實務相關探討

又是一個老調重彈的內容嗎？

第三堂課：服務接觸的重要性與相關探討

第四堂課：關係與情緒的服務性商業價值

感動服務觀點：

- 掌握正確的顧客需求，人定才能勝天。
- 一個人慈悲為懷的時候，他與全天下所有的人都可以溝通。
- 沒有驚訝的服務，等於沒有服務
- 服務的價值來自於服務的態度

第三堂課　服務接觸的重要性

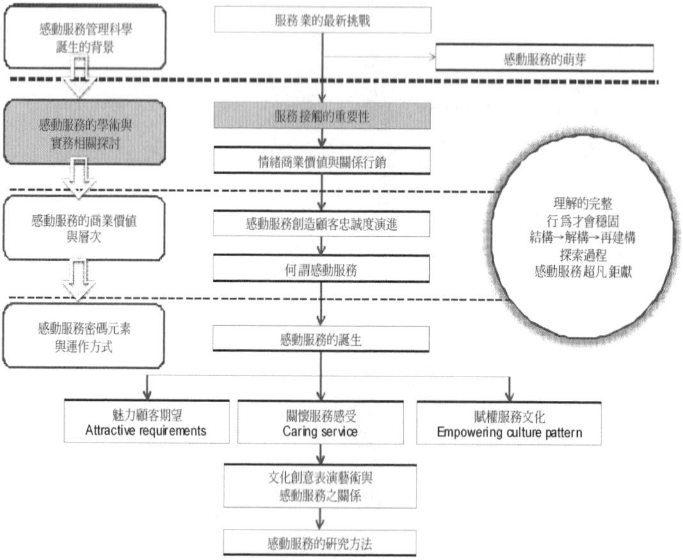

塞納河流經米拉波橋，我們的愛情也跟著流過。

就算是一絲絲的回憶，

煩惱過後，喜悅隨之而起。

黑夜降臨、鐘聲響起

時光逝去，

我卻被留在這裡。

—桑德拉與阿波里奈爾追求自由精神的愛情詩人—

位於梵諦岡的西斯汀禮拜堂頂棚壁畫，是由米開朗基羅所創作，自一五〇八年到一五一二年完成，其中最吸引朝聖者的目光，是上帝創造亞當的畫面（創世紀第一至第二章），在天花板的正上方；聖經記載，上帝向亞當的鼻孔吹一口氣，使它成為有靈的活人；壁畫的畫面中，左邊的亞當看似肌肉健壯肌理鮮明，但總隱藏不住軟弱無力的精神；而另一邊則是上帝乘著雲，堅定自若的神韻，鏗鏘有力的接近亞當，準備為亞當灌注一股生命的能量；上帝與亞當的食指若觸若離的張力，彷彿我們正目睹二千多年前上帝創造人類的場景，歷現眼前，真是令人感動莫名。

而人與人之間的接觸行為，也是一個千變萬化的姿態，顯示出上帝造人的偉大；人與人的互動步驟與多樣化的功能，是一個驚訝的過程，人類的供需間自給自足，到以物易物，演變到貨幣交易的交換過程，都須透過人與人，以及人與物的接觸來進行，無論科技多麼發達，顧客尚須透過人或是其他工具來接觸服務促使商品的流通。

但是人類的接觸行為是一個錯綜複雜的過程，我們分成兩個部分探討；第一個部分「人」：大自然當中動物的身份；第二個部分「顧客」：社會消費性角色。

首先，我們人類是大自然界當中屬於動物的一部份，請不必急著發怒，以現在的知識水準與開闊的心胸大家應該不會反對這樣的論述；或許您可能認為我扯得太遠了，但是根據科學家的說法，在浩瀚無垠的地球演化長河中，考古發現有人類的蹤跡已有五百萬年之久，我們驕傲的中華文化歷史上記載，我們的祖先從有巢氏、燧人氏、伏羲氏、女媧氏、神農氏一路發展至今，雖然這是神話傳說，但表達的相當傳神，讓我們能輕易了解祖先生活的演變史；您或許會認為古代原始生活離現代文明應該很遙遠吧！其實並非想像的久遠，大約不過一萬年左右；因此，人類有很多的行為，包括有意識或是無意識的行為反應，是演化後的成果，假如我們能認清這一點，以尊重的態度對待與接受，我們也就能更進一步的運用與駕馭。

您仔細回想，日常生活中我們習以為常的行為，就能明白這樣的說法不無道理；例如我們喜愛食有脂肪的食物和甜食，這會帶給我們熱量以維持生命，聞到發霉的味道會讓我們想到致病的細菌，使我們想逃跑；看到女性的胸部和臀部，使我們燃起傳宗接代的使命（遠古時期大地之母的石頭雕像，即呈現若大的胸部與臀部，卻忽視長相的重要性）、恐懼或焦慮的情緒，使得我們張開所有的細胞，敏銳觀察環境的變化，隨時準備戰鬥或是逃離、男性注重胸膛與肩膀的肌肉，並不時吹噓豐功偉業與經濟能力，這些都是求偶的象徵，如同黑猩猩展現雄壯的霸氣以呈現優質的基因與生殖能力等等；上述這些行為是科學家研究人類經由演化而來的線索，從此觀點了解應該就能理解，探討人類是自然界動物一部份是相當重要的議題。

- **人類有很多的行為，是演化後的成果，假如我們能認清這一點，以尊重的態度對待與接受，我們也就能更進一步的運用他與駕馭他。**

三—一 人與空間場域的交互作用

我在乎的是人為何而動，而不是人如何動

碧娜鮑許

我們人類生活在空間的場域中，和空間的互動關係密不可分，幾乎讓我們忘卻它存在的 重要性，但是可別以為空間場域沒甚麼好討論的，那可就大錯特錯了；您試著模擬 有一天迷路在荒郊野外，正當疲憊不堪時，我們會找何處安身立命？你我鐵定是找一處有天花板的空間，聰明的人類應該不會徜徉在空曠的大草原中！因為，我們跑的不會比馬快，力量不會比牛大，眼睛看得不會比禿鷹遠，嗅覺不會比我們忠實的狗敏銳，身高不會比長頸鹿高；這樣說來我們的本能不會是萬物的主宰者，比較像是大自然中的弱勢族群；所以我們就得運用思考能力，幫助我們找到擋風遮雨的地方歇息。

洞穴幫我們擋住因熟睡時卸下的防衛，假如有個封閉的空間，那就更理想而安穩多了不是嗎？但是當我們進入空間時，又會恐懼是否能夠快速而順利的逃出來呢？因此我們會注意光線、出口、窗戶等等的直接逃生線索；接下來，是否有會動的物體矗立在空間當中，大小如何？顏色如何？等等，因為那有可能住著會傷害我們動物如老虎、蛇……，說到這裡似乎感覺到黑暗和驚悚了起來；而空間當中是否飄散著霉味，因為那是細菌致病的象徵；當一切都安定下來之後，我們才有可能和這個空間做長時間的相處。

這些和現代科技與商業社會當中，有何關聯？您是否發現窗明几淨一覽無遺的商家，生意是否比較興隆！這是因為我們一眼就看出空間的安全性，當然，有部分商家空間規畫騙過顧客的防衛線，所以有時會釀成重大災難，真是冤枉。

我們人類能演化至今，仍有些強而有力而不用經過思考的生存規則，還是操縱著這我們的反應緊扣著我們的生活；根據一家國際旅館的研究，當顧客入住房間時最先啟動的安全感官機制是什麼？有人猜測是視覺，因為可看到空間是否豪華，是否乾淨整齊等等這些線索是物超所值的關鍵，但是假如您一進房間就聞到煙味或是霉味，相信您第一個反應是，「老闆，換房間」！可見我們還是依據大自然生存的法則在趨動我們的行為，到底是接近還是逃跑，全由這個生存的機制在反應。

抱著孩子進當鋪—你當人，別人不當人；安全的度過一夜之後，早晨第一道陽光滑進室內，雞鳴鳥叫清新的一天正式啟動；當您走出戶外有個人往您的方向靠近，想確認一下對方的身分，是家人、朋友、老師、同學還是同事呢？對了！我們還在荒郊野外，您可以想像那就是陌生人。但是這個陌生人的出現，突然讓我們緊張起來，看到貓狗為何不會緊張呢？這不是很奇怪嗎，看到同類應該感到安心，為何會有防備的心理作用呢？我們不是迷路了嗎，看到人應該感到高興才對呀！原來當我們看到狗或貓不會擔心，主要的原因是這些動物都有種性的特徵，也就是它們的反應模式固定，我們人類可以預期。

但是人類有意志，有意志就有選擇，有選擇就有可能當好人或是當壞人；因此我們很難判斷，這位陌生人是好人還是壞人，更進一步思考他對我將會進行何種反應？所以遇到陌生人我們會開口說我是好人嗎？我對你有好處嗎？我想即使這麼說，我們應該也會提防，所以該如何確認荒郊野外的陌生人，具有敵意還是善意呢？以下我們就近一步的探討？

三—二 「能單獨生活的不是動物就是神。」

~尼采

根據《講理就好》一書的作者洪蘭博士舉出一個長達五十年的追蹤研究發現，美國賓州東部有一個小城羅瑟托的居民，心臟病死亡率比鄰近的兩個小城低，當研究者把年齡、性別、職業、生活習慣等變項考慮進去後，該城的死亡率仍然低。而這三個小城共用一間醫院，所以醫療設備及醫生都是相同的，它們的地理環境、人口數量及其他條件都很相似。後來訪談調查的結果發現，這個小城是一八八〇年代義大利南部移民建立的。當地居民牽親帶戚，彼此都認得，所以老年人生活不寂寞，精神有寄託，生了病，從來不必叫計程車，總有鄰居送你上醫院，也有鄰居打點你孩子上學做功課，這倒是有點像台灣早期的眷村形式相互關照，互助合作，一家烤肉萬家香。

一個人從生到死都上同一間教堂，坐同一排椅子，他認識教區所有的人，教區的人也都認識，孩子用的啟蒙書上面有他父母當年歪歪斜斜寫的名字，現在教他的老師也就是當年他父母的老師等等。研究者發現，這種緊密的家庭關係，這種人與人之間的關懷與愛心，正是這個城鎮心臟病死亡率低的原因。當這個小城三代同堂的緊密家族關係瓦解後，它的心臟病死亡率就竄升到鄰近的兩個城一樣高了。這個研究充分說明了溫馨緊密的人際關係對健康的重要性。相對地當地的犯罪率也比較低，因為受訪的居民指出：「當所有鄰居都認識你，你如何犯罪呢！」

可見群居生活對人類的健康與安全起了非常重要的作用；身為游獵族的人類，早期遠古時期，如果我們不合作就無法生存下去。因此，我們需要簡單快速的方法與明顯呈現的線索傳達友善。微笑就是一個最好的工具。我們的笑容在遠遠就能看得見。微笑可以毫無困難地持續一段時間，同時也能以各種微妙的方式來表現。所以微笑的表情是全人類最容易解讀的訊號，也是人際社會中最想親近的表情。

• 人類的表情——微笑是全球所有人類最容易解讀的表情，也是人際社會中最想親近的表情。

當我們確認對方是可親近的，接著我們會藉著對方的外表來判斷、解讀與選擇應對的方式；例如，我每回出門時穿著運動服準備搭電梯，假如剛好有位仁兄站在電梯門口，當電梯抵達時，大概連一秒鐘都不願意等，就逕自進入電梯下樓；假如我穿的是西裝，這位好心人士一定會幫我擋電梯，等我進入他才踏進電梯；為何同一個人外表形象不同會有此差異性的對待呢？因為，當一個人外表吸引力更高些時，越會讓人覺得信賴，因而被對方尊重的程度也比較高。

•當一個人外表吸引力更高些時，越會讓人覺得信賴，因而被對方尊重的程度也比較高。

這一點也可從嬰兒的實驗當中可以看出；很多科學家很喜歡從幼兒身上進行各種實驗，一項有趣的實驗，牆面上掛五個人的照片，其中四張照片是女生，而三張是漂亮女士的臉孔，一張是平凡女士的臉孔，第五張照片則是掛著裝鬼臉醜陋男士的照片；各位可以猜猜看，幼兒會喜歡親近哪張照片呢？我想各位都能理解，幼兒當然是親近漂亮女仕的臉孔，而且還會駐足觀賞呢？

從這裏我們可以看出，幼兒尚未受社會環境與文化教育的洗禮，本能的會靠近長的比較好看的照片，畢竟吸引人的外表總是會吸引眾人的目光不是嗎？具吸引力的外表在現代的社會中也有很多的好處；外表吸引力較高的人常被他人認為是具有社會能力、具備優勢、溫和、心理健康、勤勉及社交技巧等特色，說明了外貌的確會影響人際關係的互動。

當雙方都知道沒有太大的敵意之後，溝通隨即登場，除了人類偉大發明的文字語言系統之外，人類還有更神奇的溝通系統，那就是肢體語言。

根據戴思蒙•莫理斯所著《人這種動物》中研究所述，我們每個人都有一套專屬的肢體語言，而且我們對於朋友的印象，往往來自他的口頭禪和固定模式的肢體語言；其實我們人類是習慣性的動物。我們總是會遵照既定的模式，就像我們個人獨特的指紋一樣的個人身體行動。不論我們是在微笑，擦鼻子或穿鞋子，我們幾乎總是保持著一模一樣的固定動作。一位優秀的演員必須花費很大的力氣，才能採取一套和他自己完全不同的肢體語言。我們的肢體語言就像是我們的簽名一樣。我們每個人在每天生活中都用我們的手來作為表達工具。很多手勢都是我們在說話時不知不覺使用。我們的手就像樂隊指揮的指揮棒一樣，有節奏性地配合著我們所說的話。這些「指揮棒手勢」是用來幫助加強我們的詞語，但它們也同時傳達了我們變化的情緒。每年台灣舉辦選舉政見發表會的場合，您只要細心觀察就能明瞭政治人物的手勢如何搭配溝通的意圖了；握拳上下捶擊即是強調某些要點，用OK的柔和手勢，闡述某項細節；雙手環抱式的肢體是在擁抱群眾，相信大家都很能清楚辨認。

海龍王辭水—沒有的事。沒有一個手勢是故意做的或特意去注意的。它們形成一個傳遞情緒的傳達系統，傳遞遠比我們目前了解要多得多的消息。它們傳達給觀眾一種講者不可信賴或他是真心誠意的感覺。如果他的口語信息是虛假或誇張的，他的手勢就會流露出來，這會使得他的手勢和他的詞語很不配合，而使聽眾莫名地感到不適。如果他的手勢和詞語配合得很好，聽眾就會下意識地感覺到和諧而產生積極的反應。

• 沒有一個手勢是故意做的……。它們形成一個傳遞情緒的傳達系統，傳遞遠比我們目前了解要多得多的消息。

上述這些基本概念是人類身處大自然環境當中的本能，身處現代科技文明的我們，很輕易的忽略這些特質，而現代化社會步調快速，知識爆炸性地席捲而來，資訊多到令人目不暇給，使部分的人士產生資訊焦慮症，無法稍適片刻，仔細思索人類日常生活行為背後，演化結果與基本淺規則；因此，很多學者進一步的研究與思索從中解析，某些商家成功的關鍵要素，會使顧客感到他們所販賣的商品價值非凡，而他們服務或銷售解說的肢體語言透露出何種密碼？有些店家大排長龍，有些則是門可羅雀？為何某人能當上頂尖的銷售員，他們在關鍵的時刻展現了何種策略與手法呢？這些都是大家關心的議題；因此，溯本根源重新打量人類的演化行為，對於商業的規畫有其根本的重要性。

而感動服務的策略在人與人的接觸行為上，透過有系統的設計與規畫以及教育訓練，創造出令顧客印象深刻，打動人心的服務。因此本書從人是大自然動物的身分開始談起，以便掌握通盤的來龍去脈。

緊接著藉由社會學與行銷學的角度說明，身為顧客與服務提供者間，在服務接觸互動的過程中，有哪些重要的因素，是締造感動服務重要的內涵。

三—三 社會中角色扮演

一門通樣樣通；透過上述人類行為的解析之後，我們可以知曉，行為背後的無意識行為，潛藏著人類演化的生存法則；這些法則是我們必須要加以掌握，以便人類在社會扮演消費者角色時能充分運用，以增加消費者的信賴促進購買意願。消費者開始進行消費時，商家如果做好準備，顧及人類生存演化之後的現代法則，那麼接下來登場的，就是服務接觸時的人際表現至關重要。

近年來，服務接觸的議題越來越受到重視，其中服務人員與顧客的互動是顧客感受服務品質好壞的關鍵，畢竟病人是無法評斷醫師的醫術如何的高明；房屋建築設計與工法建造的好壞，顧客也無從評斷；汽車的性能與高科技的技術，更不是消費者所能通曉；3C通訊科技產品更是高科技的產物，幾吋晶圓的技術，聽了頭皮發麻；因此，消費者自有一套偵測方法，從中推斷其產品或是服務的好壞是否值得消費。

例如餐飲業、大樓管理、百貨公司與醫療院所，越來越重視服務人員禮節的要求與人際社交能力的品質，因為這是顧客與服務產品的第一類接觸，也是最容易偵測品質的相關線索。醫院開始重視醫病溝通，汽車重視售後服務，健康照護重視細心專業的照顧系統，飯店重視文化美學體驗與豪華環境的塑造等等，這些都是消費者容易看到的線索，進而推測與聯想該產品或是服務是具有可靠性的。

這些都是人類在社會中，藉由互動品質的展現與雙方溝通的意圖，能簡單的明瞭所欲傳遞的訊息為何；因此，很多成功的品牌行銷或廣告，大部分都是以簡單清晰的概念吸引消費者的目光，例如販賣礦泉水的廣告「多喝水」簡單而生活化的訴求、全聯福利社以暴露缺點的系列廣告卻成功的將缺點轉化為優點、搭載幸福的房車，圓滿人生的訴求擄獲不少上班族的心等等因此簡單就是力量；顧客喜愛一套簡單的辨識手法，使自己不致陷入混沌的狀態，所以掌握所屬產業與產品的特性，以顧客的觀點建立偵測品質的相關線索，方能事半功倍的促進顧客消費與維持高度的顧客忠誠。

三—四 高度服務的接觸型態

服務接觸（service encounter）有些企業把它翻譯成服務邂逅這無傷大雅，任何一種訊息的傳達都是一種溝通的意圖，服務業最大的特色就是無形性，相對地它的可塑性也是很高，但無論如何都代表其中的一種含意，也藉此希望促進閱讀者的瞭解；例如，我們所熟知的達文西，僅以十二張畫左右就能稱為畫家，真是藝術史上少有的成就；他的研究領域相當的廣泛，舉凡武器、飛行器、人體解剖、繪畫、音樂與建築等等，五百年來無人出其右，也因此微軟的創辦人，比爾・蓋茲曾說：「二十一世紀，將是達文西的世紀。」這樣偉大的人物不論您用解剖學之父、流體力學之父、飛行理論之父等來解釋他的成就，僅能代表他成就的一部分，但無法詮釋他的全部；所以，服務接觸或是邂逅僅是勉為其難的代名詞，因此，以下我們就以學術界比較嚴謹的說法，以服務接觸（service encounter）來詮釋本堂課的探討。

所謂的服務接觸指的是「顧客與服務過程之間的互動，包括服務人員、實體設施及其它有形設施與告示等對象」。學者周逸衡與凌儀玲（二〇〇五）所翻譯的《服務業行銷管理》中提出，服務接觸可以代表買賣雙方之面對面的互動，並且可說是為服務行業行銷的重要核心。當然不僅如此，除了人與人的互動接觸，外在周遭環境也是相當的重要，例如設計、裝潢、裝飾品與任何外在的因素亦會影響消費者對品質之要求。例如，過去一些醫學美容或是牙醫診所在顧客等待區的環境規畫上，會擺出問題皮膚處理前與處理後的比較照片，或是口腔牙周病或蛀牙的醫療前與後的照片，我們都知道這是在彰顯醫術專業的手法，畢竟醫術高明是顧客在意的一部分，如何傳遞專業的意象是一件重要的服務行銷任務，但是，這樣的驚悚手法反而是嚇跑病患，現在的診所比較少用如此的方法來展現專業，通常會利用醫師的證照、顧客的感謝信函或是門診外大排長龍的訊息，來傳遞專業與受肯定的意象。

- 服務接觸指的是「顧客與服務過程之間的互動，包括服務人員、實體設施及其它有形設施與告示等對象」。

感動服務在服務接觸的領域當中，可分成高度與低度服務接觸，因為感動服務是人與人之間所創造的情境的範疇，相對高度服務接觸所創造的感動機率也較高。高度服務接觸的領域指的是：「顧客必須涉入服務的傳遞過程，並且置身服務工廠，直接參與服務並與服務人員接觸」。像飯店、醫療服務、美容沙龍、汽車保修廠、百貨公司、房地產建案與零售通路等所有處理人的服務都是屬於此類。高度服務接觸業在服務接觸的傳遞過程中，需要依靠服務人員與顧客，並須配合具體的環境設施，方能促成完整的服務舞台。

假如，您抵達飯店看不到任何一位服務人員在現場迎接您，您可能會覺得住在這裏面安全嗎？環境乾淨嗎？這會讓我們產生很多的疑問，當然表現不佳的服務人員也是會有同感；顧客同時也是扮演服務接觸重要的角色，例如有一回在飯店用餐，餐廳的裝潢豪華，顧客卻穿著很輕便，因為是渡假飯店，這我還可以理解，但是隔壁桌的小朋友帶著會發出皮卡丘聲音的玩偶把玩著，皮卡丘、皮卡丘……整個用餐的過程都是皮卡丘的聲音，父母只顧自己聊天，服務人員也不管，我的用餐氣氛就籠罩在皮卡丘的氛圍之中，晚上我進房睡覺還夢到皮卡丘呢。

除此之外，顧客與服務者之間的互動範圍也很重要，包括了立地環境、服務場所、服務的設施、設備（含科技設備在內）、器皿、制度及服務人員等。高接觸服務的設置地點是顧客最為在意的一部分，畢竟顧客必須親臨服務的店家；因此，店家位置的便利性顯得格外的重要，就如同洗衣店的中央洗衣工廠設在郊區，但是門市就需要設在民宅附近，因為沒有一個顧客願意時常拿著發臭的衣服送到五公里範圍外的洗衣店清洗，除非能幫顧客收件和送件，因此最好能接近顧客本身生活環境所及的地點為佳。

服務的場所與設施是顧客重視的一環，而其中員工與顧客互動的品質被視為是公司與顧客間長期關係維持的關鍵性因素；您應該不難發現，我們對於一家商店的好感是基於某些員工的表現，例如，某家五星級旅館的門衛可說是超級服務人員，世界各地的商務旅客下榻該飯店，一下車看到這名門衛就好像回到家一樣的感覺，如果看不到這位門衛還會緊張的找他呢！因為這位門衛相當專業，了解遠到而來的顧客需求，並給予顧客安心自在的款待；在服務接觸的過程中，服務人員的行為直接或間接的顯示出該公司所展現的品質與特徵。所以，顧客就服務接觸的感受在高度服務接觸業的重要性可見一般。

在實務上，很多高接觸服務產業經常面臨顧客建議或是抱怨的相關問題，例如飯店業住宿的客人抱怨件數少，讚賞的件數多，餐飲則相反。而汽車保養服務業，顧客經常抱怨維修價格過高、接待人員態度不佳、等待時間過久等等；經過統計顧客抱怨十大排行包括了態度粗魯冷漠毫不親切、服務時間等候太久、專業知識不足不懂裝懂、服務系統不易使用、顧客需求無法滿足、服務人員不當的承諾、服務人員專業形象不夠「為何不能」藉口太爛、商品的品質不良、錙銖必較，凡事要收費等；其中有七項與服務接觸相關，主要的原因發生在服務時的接觸經驗、時間長短與接觸的場景等因素，引發顧客對於消費滿意高低的評價有關。

就飯店住宿客人而言，顧客自訂房、住房到離房的過程中，大約有十個接觸點分別為：(1)訂房；(2)抵達飯店門衛服務；(3)入住登記；(4)陪同進房運送行李；(5)住宿服務；(6)使用飯店其他休閒設施；(7)享用早餐領台帶位；(8)服務生服務餐點；(9)退房結帳；及(10)門衛協助運送行李上車。除了早餐以外，每一個接觸點的時間非常短暫，最多約五至十分鐘，其餘大部分在十秒鐘到三分鐘之內完成，而且接觸場景不斷的轉換，同時有大部分的時間，顧客均處於個人隱私活動狀態。

餐廳內的服務接觸則完全不同，整個用餐過程少則一個小時（如商業午餐），多則長達三個半小時（如法國餐廳），服務接觸時間越長，越會影響顧客評估服務品質因素。因此，若服務提供者於服務接觸時對於顧客的感受，謹慎的關注善加留意，將能提高顧客滿意及顧客對服務品質感受的程度。

所以，飯店內的餐廳與顧客有較長時間的接觸，因此更有機會展現飯店的價值與服務質感，間接影響住宿客房銷售平均單價；就此而言，接觸時的經驗、時間的長短與接觸的場景，對於顧客的消費滿意的評價，具有相當程度的影響。

不僅如此，高度的服務接觸會因服務提供者個人條件與特色等因素，影響了顧客對於整體服務評價的高低，服務業者或是展覽會場把握此項原則，開始訴求以俊男美女吸引顧客的高度注意，連觀光景點的淨灘撿垃圾活動，也請到穿著清涼的美女來擔綱代言，這也就不難理解，這種性感美麗的經濟學的商業威力。

也有學者提出，在服務顧客的情境中，服務人員的專業知識、技能與友善的態度可以促進顧客在消費購物的過程中更流暢，並能夠有效解決消費者可能面臨的問題，創造消費者在購物時的正面情緒、對商品價值的感受與購買的意願。例如，我常到一家西式糕點的店家購物，一進門總是被這位殷勤款待顧客的服務人員所吸引，而多購一些糕點回家享用，因為踏入商店她會用高亢而愉悅的聲音歡迎你，然後關注顧客購買的物品，好像是想買給自己享用的心情向你介紹糕點，更重要的是她會一直帶著愉快的笑容，同時，還會詢問您上次購買的糕點口感如何，我都快感動得掉眼淚了，最後離開還教您如何享用與保存，小心翼翼的將糕點交到你的手中，這一切的服務過程，如同爵士樂般輕鬆愉悅而有快樂的味道，讓我會想多買一些回家享受。這樣的氛圍與節奏，總讓我感到接受服務與交易的過程相當順暢，即使他們偶有犯錯也無傷大雅。因此，一個服務提供者以熱情友善的態度與專業的能力來服務顧客，的確讓購物的過程充滿樂趣。

金融業也開始一波展新的改革，當金融商品的競爭開始趨於成熟之際，銀行業開始注重服務接觸的重要性；每當我們踏進銀行，無論是刻意安排服務人員或是警衛站在門口迎接顧客，甚至有些銀行乾脆在迎賓服務者身上，綁上顧客服務的執行官紅色斜背帶，以便讓顧客一眼就看出到底要找誰來服務，而該名執行官會根據顧客所提出的需求，以戰鬥般的速度完成使命，最重要的是執行官臉上總是帶著燦爛微笑；顧客接受銀行服務完成時，顧客會收到服務者的編號，在離開銀行時，將編號投入設有非常滿意、滿意、與不滿意的調查箱中，以便了解當天的服務狀況；不僅如此，顧客於離開後一天之內，也會接到滿意度調查詢問電話。為何高度專業的金融機構，砸下重金強調顧客滿意度的服務與調查工作？服務行員也開始以親切友善的態度服務顧客呢？這些案例各位不難發現，服務人員的專業知識及友善的態度，是創造商品價值促進顧客在交易過程的重要性。

一塊錢也能感動顧客；顧客會透過對員工行為的評價，作為對公司識別知覺的基礎。這也是我經常在楓康超市購買新鮮食材的原因之一；每回我到超市購物，結帳櫃台的人員會以微笑和親切的態度迎接我，給與正面的回應，例如這項食品現在很新鮮，很值得買等等，或是我所購買的食材不知如何料理而請教店內的服務人員時，他們傳授我秘訣，然後接著不假思索的幫我將食材拿進廚房料理，端出來時告訴我，大概就是這個味道；甚至有一回結帳時現金不足差一塊錢，我正苦思要放棄哪樣預購商品時，結帳人員立即重新操作收銀機，像變魔術般的變換場景，接著說現金剛好謝謝你！哇，真是令我為之動容。這正是一塊錢就能收買人心的感動服務！因此，顧客則會對在服務接觸中的員工互動產生美好的感覺，藉以評鑑企業商品與服務品質的好壞，這些因素，除了來自於員工個人的條件因素與標準化的服務行為表現外，還有許多因素會影響顧客滿意與其後續行為意向。進一步而言，服務接觸究竟有哪些重要的要素必須要掌握，以下接著探討。

- **顧客會透過對員工行為的評價，作為對公司識別知覺的基礎。**

三—五 服務接觸要素

她尚未開口，全場已經靜候
她開始吟唱，我們都不知道自己在哪裡了

林懷民

服務接觸的各種要素是結合設計與規畫的專業技術；好的設計與規畫對於價值的呈現具有事半功倍的效果；一個設計作品無論是大如建築小至生活器皿，作品凸顯出複雜性，與讓人難以理解的使用功能，對於服務真是幫了倒忙！因此，在服務接觸的各種要素之中，好的設計規畫顯得非常重要。

根據《好設計不簡單》作者：Donald A. Norman論及我們人類有著各種不同的文化，而且很多的行為和人與人之間的關係，都是受文化和傳統決定。可是，我們仍有很多共通點：我們都是人。不管是電話、手機、電視、汽車，或是電腦，世界上的現代科技都是一樣。雖然人與人之間、文化與文化之間有所差異，基本上，相同處勝於相異處。在全世界的人類生活裏，複雜是生活的現實狀況。「複雜」是好的，我們需要複雜的科技，才能處理日常複雜的活動；可是「繁雜」是不好的，因為它令人困惑。所有的人類和文化都因令人困惑的科技而洩氣。

複雜（complexity）和繁雜（complicated）的意思不一樣。「複雜」是描述外界狀況，而用

「繁雜」來描述內心狀況。字典上對「複雜」的定義是：一樣東西裏面有一些錯綜的、互相牽連的部分；而對「繁雜」的定義有讓人困惑的意思。用「繁雜」或「讓人困惑」來描述心理狀況，一個人要了解、使用外界事物，或與外界事物互動的心理狀況。

因此，服務接觸要素的設計出發點，考量複雜外在的因素與顧客變幻莫測的消費需求，透過適切的設計與規劃，有效的創造顧客價值，以避免繁雜的困擾發生。藉由上述的討論，我們大致可以了解，設計在各項服務接觸的要素當中所扮演的角色，因此作者歸納出與顧客進行服務接觸時，服務提供者為了彰顯服務與產品的價值，重要的要素涵蓋的範圍（如圖3-1），我們將以服務設置地點、建築風格、室內裝潢、裝飾美學、文宣品、服務制度與人員服務等方面進行探討。

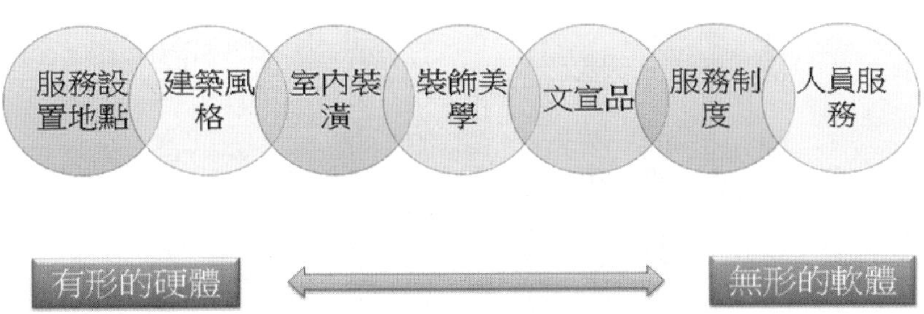

圖3-1：服務接觸彰顯價值涵蓋範圍。

服務設置地點和條件

我們不會把醫院設置在殯儀館附近，我們也不會把美容沙龍中心設在菜市場當中，因為這些都會讓我們產生不當的聯想；但是，我們要提供顧客獨特的服務接觸，地點的設置就得具創意性思考。

例如，有些知名的酒商，為使品牌形象具有高度的體驗性，在人潮往返聚集的街角設立帳篷式的展覽館，讓顧客可以輕鬆的體驗酒商所訴求的品牌故事、製造程序與品嚐釀酒的風味，提供顧客逛街時安頓休息的場所，又有一個知性又深具趣味的體驗行程。知名汽車品牌會選擇商務旅館搭配合作；美國電動鑽頭機具會舉辦全國巡迴鑽洞競賽，用貨櫃車裝飾搶眼的黃色與圖騰，用活動性的舞台塑造氣氛，選拔鑽洞最迅速的先生；還有汽車保養廠設置在市區中心，以旗艦店之姿展現，專業與穩固的規模與品牌形象。英國的航空公司為了服務商務旅客，在顧客轉機與航空貴賓室設置美髮美容、按摩中心、三溫暖等休憩放鬆與儀容整裝設施，提供商務旅客於疲憊的旅途當中，利用時間整裝儀容，讓這趟商務出差容光煥發促進商務績效，這項服務設置地點頗獲好評；還有百貨公司特別為母親與嬰兒安排私密的親子活動空間，並設置兒童遊戲區、哺乳室、更換尿布檯面並配置洗手槽、沙發接待區以及兒童盥洗室等等，並設置媽媽專屬停車區，讓逛街的媽媽們能不受照顧孩童的干擾，又能兼顧逛街的便利需求，這樣的服務安排，讓人更感貼心，難怪這家百貨公司形象經常擄獲大眾的心。

因此，服務的設置地點與條件，對於服務接觸而言相當的重要，有些需求是彈性的，例如淡旺季、尖峰與離峰時刻與延伸性需求等同時必須因地制宜；在不同的情境關注到顧客的需求，並做好妥善的規畫便顯得至關重要。

建築風格

我們都知道麥當勞與肯德基等建築外觀，我們從老遠的地方就能夠清楚識別，讓我們尚未進入點餐，就已經飢腸轆轆等著體驗美式的速食風格。這種建築外觀本身就是一個非常重要的服務品質與服務接觸的線索之一；尤其杜拜的帆船飯店更是極致的表現，簡單的弧型線條代表著航向冒險與自由的奇幻旅程，是相當成功的建築風格，引領著尋找奢華的頂級旅客登上帆船，來趟天堂般的享樂體驗。

二〇一〇年上海世界博覽會各國無不使出渾身解數，展現出前衛概念建築創意表演的舞台；各國無不使盡全力用建築風格大聲吆喝招攬參觀人潮，例如，英國館建築外觀看起來猶如刺蝟般的造型，內部卻隱含著巨大的善念，收藏了地球超過二十萬的植物種子，可想而知當地球遭遇毀滅性的災難時，英國將幫助人類珍藏這些種子，以便重新再造地球生機，真是偉大的胸懷；而台灣館的天燈造型，代表台灣民俗文化的符號，建築外觀鑲崁著LED的數位螢幕，撥放著一幕幕天燈冉冉升空祈福的景象，在大老遠就可看到台灣館吸睛的功力，在世博園區參觀人潮更是爭相排隊，是世博展覽會的最佳寵兒；中國大陸則是展現泱泱大國，氣勢恢弘，顯赫莊嚴的景象，由類似玉璽的內涵，妝點出「鼎」的建築外觀造型，成為世博的鎮展之寶。

這些建築外觀就足以讓顧客或是參展人員有了第一類的接觸，構築出服務整體訴求概念的心智模型，讓人預先做好準備，體驗一場身歷其境超越現實文化與美學的全新感受。

室內設計裝潢

當顧客進入空間時情境的展現，是服務接觸時氛圍成敗的關鍵，我們稱之為造夢計畫；很多商業空間設計，經常以新古典、北歐與懷舊……等風格進行設計規畫，藉由室內空間的設計，除了傳達空間概念與氛圍之外，也是顧客融入情境最有力的線索，這也是顧客評鑑消費價值高低最有利證據。

您也可以明顯的觀察到國際觀光旅館的大廳，會鋪設光可照人的大理石中間放上超過你能想像的大型盆花，天花板吊著泰山壓頂超大型的水晶燈，這些線索都是豪華消費的場景，讓身歷其中的顧客雍容華貴光彩動人；近幾年極簡的風潮悄悄的席捲亞洲地區，如安藤忠雄所設計的室內空間感，具有空靈與沉澱美學的風格，令大多數的人們驚嘆；不僅如此，現在全球綠色環保成為主流，同時又得考慮空間的舒適性與教育趣味性，因此有些商業空間有些巧思的設計例如，在天花板收集雨水，透過透明的水管，經過迂迴曲折的管路注入儲水缸，並與馬桶儲水槽連接，讓整個雨水收集回收系統充滿樂趣。

關於室內設計最新趨勢的發展，除了風格的設計之外，有些設計師逐漸將舞台設計的概念導入空間的計畫當中；顧客準備要進行服務接觸時，商品與服務價值的展現都是要經過人員或是輔助系統來進行處理，假如這些服務或是商品的價值能轉化為符號，透過舞台設計，將這些符號具體展現出來，讓顧客進入空間立即被這項特殊的設計聚焦，對於服務產品的價值展現將會達到事半功倍的效果。

例如台灣國寶級的表演藝術大師林懷民先生，曾和國際爆破藝術家蔡國強先生共同合作一齣表演藝術，蔡國強把舞台拉到國家劇院的外頭，並請攀岩高手穿上如雪白色飄逸的翅膀，在節目開演前請觀眾在戲劇院外頭觀賞；由攀岩高手演出的飛簷走壁，在大風的助長下揚起如天使翅膀的白色希望之翼，真是美極了！像這樣的畫面真是令人永生難忘！這樣的服務接觸真是一場高度的饗宴，讓在場的觀眾直嘆驚為天人不虛此行。

裝飾美學

這是一個可以彈性變化的一種展現型式，主要的價值是促進消費意象，更有凸顯主題的能耐，裝飾美學所使用的材料相當的廣泛，舉凡花藝、器皿、繪畫等等各種素材點妝而成，可加速展現如季節、事件、節慶與商品主題等不同情境意象；裝飾美學具有畫龍點睛的效果，通常顧客對於裝飾美學多半會駐足觀賞，就如同百貨公司的櫥窗總是會吸引眾人的目光，傳達了這一季的美學意象，開啟了新一季的購物狂想曲；這方面的美學人才是可遇不可求，他需要擁有文化、歷史、藝術、美術與創意等能力的綜和性才能，介於藝術家與商業設計之間的美學工作者，各種產業都非常需要例如飯店業、餐飲連鎖業、通路零售商、家具產業、汽車銷售中心、房地產業與醫療產業等都必須相當的重視，因為裝飾美學猶如為服務接觸換上新的衣服，讓顧客有全新的服務體驗，這種裝飾美學可以幫助空間促進價值感，同時讓顧客有全新的新奇感。

對於服務接觸而言，是空間的焦點，猶如風景區中亭的概念，是觀賞風景最美之處，遊客在此停留最為愜意；裝飾美學也有相同的目的，因此服務接觸的要素中，裝飾美學就像主要舞台的位置，聚集人們目光焦點的所在。

設施器皿

從立地條件、建築外觀、室內設計與裝飾美學到現在即將討論的設施器皿，不難發現對於服務接觸而言顧客與服務提供者由遠而近，由硬體轉向軟體，由石頭轉向人文，由整體畫面轉向個別畫面，由視覺轉向觸覺一系列的感覺統合悄然登場。

設施與器皿是顧客接觸與操作的必要情境；如同醫學美容中心各種儀器的設計，除了功能性與安全性的設計外，外觀結構會使用具權威感與科技化的呈現，無論顏色與材質具備了溫馨與美感和無限想像的功效，讓顧客直接聯想這是對抗歲月的最佳武器；反觀汽車維修保養廠所提供的汽車維修保養設施，就比較強調功能性，產業如果要強調差異化的服務策略，透過異業交流觀摩，以接觸人體設施的商業設計模式參考範本交互激盪，或許可以為接觸物體的商業設計找到彰顯價值與差異化的因子。

器皿一向是顧客最感興趣與碰觸的軟件之一；一個器皿的誕生背後融合了科技、經濟、文化、創意巧思、材質與工藝等的最典型的代表，也是顧客在尚未接受人員服務前夕，在服務接觸的領域之中，最感興趣的一項，例如餐桌上餐具的擺設，可略知餐宴菜色的豐富性，畢竟不同的菜色使用的器皿不同，這也難怪大部分餐廳所使用的器皿，大部分是以功能為導向的設計，硬度高的骨瓷，如大同出產的便是。

讀者應不難發覺當我們到達國立故宮博物院時，如有雕像或是可移動物體的藝術品，經常標示的告示牌就是「請勿碰觸」！因為我們遇見器皿時，很習慣會想把玩觀賞一番，敲敲撞擊觀察是什麼材質製造，我們的好奇心促使我們不自覺的探索這些物件，但是這樣的好奇心舉動可千萬別在茶道的茶席上發揮，這可是犯了大忌呀！因為您的敲擊，可能把清朝的壺或是日本天目碗給敲碎了，這會讓茶主人相當的心疼。

言歸正傳，由於器皿是代表一個時代的生活文化的氛圍，藉由顧客的碰觸開始有了強烈的感官體驗，這一碰觸不得了了，這個器皿和人之間會產生一種特殊的質地情感，就我熟習的茶道器皿而言，茶人（習茶之人）對於自己器皿有一份移情的作用，對於他的設計、使用的原料和茶葉在壺中舒展的狀態均能感應，不僅如此，這個器皿的設計與大小也反映出茶人的外型與內心狀態和美學觀點，似乎是什麼人拿什麼器皿，巧妙各有不同，就像每個人的指紋一樣，具有專屬特色；而茶湯滋味更是反映人生與理想追求的展現，青春歲月青澀淡雅，大部分會飲用發酵比較低的茶，例如，綠茶或是高山烏龍茶清香無比；而不惑之齡的茶人，歷經人生的滄桑穩健厚實，大部分茶人愛好發酵重一點或是年份久遠的老茶，其茶湯入口，喉韻極佳滋味無窮。從這裏我們可以得到一些啟發，假如服務提供者不擔心器皿的破損率，那針對不同的市場定位或對象提供設計的特殊性，亦或是異想不到的器皿使用方式，顧客還得練習一番才能享用，這些都會讓顧客有耳目一新之感。

對於服務接觸而言，器皿是非常重要的一環，或許店家沒有足夠的預算進行硬體的投資，但是器皿的巧思與品味的搭配，可說是畫龍點睛效果，因為它能讓人進入到另一種文化的情境，體驗不同生活的方式，破除日常單純的生活情調，能讓服務接觸更增添服務與商品的價值。

文宣品

文宣品是進入感動服務與體驗最佳入門的簡介，如同我們看一本書的開頭有序言和摘要，或是電影演出前的情境鋪陳，是相當重要的一個情境引導的工具；這個部分現在台灣的企業界素養相當高，不論是引君句點、幽默標題、質感展現、情境刻畫或是直接說服，功力相當深厚；文宣品的創作是需要有文化與藝術涵養的內涵，如此才能帶動商品或服務行銷的爆發力。

服務制度

服務制度是顧客消費的權益與義務之間的規則，也是服務提供者希望維持品質、成本、供需平衡與價值的規則；服務制度的規畫主要的功能，說明服務的範圍、保證、行為規範、開放對象、時間、地點、付費狀況以及消費的限度等；由於服務具有無形與無法儲存的特性，因此所產生的服務制度規範，人們對於可見的事物比較容易理解，畢竟一手交錢一手交貨，但是服務提供的特性在某一方面有其曖昧模糊之處。

一個租車的業者打出一個廣告：「租車免費，取得車鑰匙則需……$。」這當然是笑話，但是有些租車業者要求，還車時必須把汽車的油加滿等等規定；某些餐廳的用餐的規定必須計時；有些音樂會限制孩童進入；某些航空公司提早訂位有較好的折扣；台灣高鐵推出早鳥專案；某些餐廳推出，某些時段或是某些對象消費有相當的優惠；而房地產則是關於不吉利的數字樓層價錢比較好商議；過季或是瑕疵品的服飾有相關的優惠；週年慶期間買鞋送矽膠鞋墊等等。這些都是，商品附帶服務、服務附帶商品或是服務附帶服務的相關制度。

但是無論如何規定，得要考慮商業的倫理與道德的涵養，不能使得顧客已經上門消費才告知需要額外支付其他費用，或是廣告促銷價的商品已賣完，要求顧客原價購買，這反而是嚇跑消費者的最佳促銷手法。

人員服務　人員的接觸是服務品質識別的重要基礎

顧客最有能力偵測到的服務品質與滿意感受，是人員專業服務的展現。當我們進到一個服務空間時迎面而來的是笑容親切燦爛（訊號：服務意願的高低），問候的聲音與問候的方式（訊號：啟動服務的開始，注意到你了），熱情適切的迎賓款待（訊號：愉快的開場，讓您偵測接下來的服務具有同樣的水準），專業的需求確認（訊號：服務是為你而量身打造的），高水準的服務表演（訊號：高品質的消費體驗），時時主動關心您的需求是否滿足（訊號：我是獨特的有被當作重要貴賓的感覺），最後溫暖的送客（訊號：把顧客的情緒留在最好的狀態下謝幕）。這些價值的展現只有人員服務才能做到，也是顧客最有能力偵測到的服務品質。

- **顧客最有能力偵測到的服務品質與滿意度的感受，是人員專業服務的展現**

不僅如此，傳銷業最負盛名的賀寶芙，在作者王家英和謝其濬所著的《感動力台灣賀寶芙改變世界的力量》中論及創辦人馬克．休斯集結超過兩百萬名直銷夥伴之力，創造出五十億美元的營業額。龐大事業版圖的成功，來自馬克休斯強大的「感動力」；書中提及馬克高大帥氣的外表，當然為馬克加分不少，然而真正讓他與眾不同的，則是他有一種觸動人心的能力。也就是感動力。他的眼神非常深邃，像高山也像大海，他的眼睛是可以看出每個人的可能性，在他的眼中，每個人都可以成為賀寶芙的總裁成員。

書中所論及的各項對馬克休斯的形容都是一個可親可信的領導者，與他接觸猶如看見天使般的降臨，讓人們產生無窮的希望，啟發超人般的智慧勇往前行，挑戰更高的自己；姑且不論產品有多麼神奇，在健康食品當中或許有著過人的功效，但重要的是什麼因素啟動了龐大的傳銷人員死心蹋地的跟隨，而這些龐大的跟隨者所賴以支撐的信念線索又是什麼呢？

以上的描述與我們所探討的有著不謀而合的力量，那就是觸動人心的能力，是一種人與人接觸時的感受，是一種願意關注的看著對方為對方設想一切的情感，而這樣的接觸猶如顧客和一個品牌直接握手傳遞情感溫度的觸媒，而顧客會將這樣的感受直接移轉至商品、制度甚至公司的品牌形象，這比廣告說的更具爆發力；因為，這才是顧客偵測企業是否值得信任的最佳線索。

- **觸動人心的能力，是一種人與人接觸時的感受，是一種願意關注的看著對方為對方設想一切的情感，而這樣的接觸猶如顧客和一個品牌直接握手傳遞情感溫度的觸媒，而顧客會將這樣的感受直接移轉至商品、制度甚至公司的品牌形象，這比廣告說的更具爆發力；因為，這才是顧客偵測企業是否值得信任的最佳線索。**

有一回我到銀行開戶填寫基本資料時，因戶籍地和聯絡地址不同，該名行員隨口問我為何跑到這個縣市來，乍聽之下好像我是跑路了才到這裡來，因此寒喧語言實在有修正的必要；還有一例，大廈管理員為了展現他殷勤的服務，當住戶走過管理員櫃台時，他會說您的信箱有一封掛號信；這樣感覺有點不妥，好像管理員私自探人家隱私一樣，除了會偷看我的信箱之外，還會做些什麼探我隱私的事，會讓人感到些許不安。假如換個說法應該就能彰顯他的服務精神：「有一封您的掛號信，我已經幫您放到信箱之中了。」換個方式說話，不就能讓住戶感受到管理員貼心的服務。

另外，此次上海世界博覽會我也前往觀摩一番，總共看了將近有二十六個國家之譜；其中台灣館的表現令人感動，無論是建築外觀的天燈造型、預約制度的參觀行程、聲光與大自然三百六十度的高度體驗、參觀人數的總量管制、流程的設計、空間美學、導覽內容、音樂的表演、台灣文化觀光特色與人員的解說外加贈品提供等等，堪稱世博展覽會場上一顆耀眼的明珠，在展覽園區內經常有遊客拉大嗓門的問台灣館在哪?甚至看完之後，大家評語大都持高度的正面評價。

唯一美中不足之處，在我即將完成台灣館高水準的體驗行程時，最後登場的節目是一位侍茶師展現茶藝，作者也是習茶之人，所以有種莫名的親切感，於是前往與之寒暄一番，並請益：「我是來自台灣，您剛剛所展現的茶藝相當定靜，而所泡的高山烏龍茶非常棒，請問您在台灣的老師是哪位?」，接著就出現了令人感到不適的互動，這位侍茶師以緩慢斜視的眼神望向我，並說：「你是我們這個圈子的嗎?」哇!原先參觀整個台灣館讓我感動情緒一掃而空，沒想到，最後一個關頭一個不經意的互動，卻讓我感到有些激動；這樣的互動品質顯得非常可惜!

以上我們所探討的互動品質的案例，是顧客比較容易觀察到的品質線索，但是，有些企業所提供的服務就比較不容易評斷服務品質的好壞。

例如醫療產業，所經營的服務項目是相當專業，顧客與服務提供者的知識有一定程度的落差，因此顧客無法評估服務提供者的服務能力是否足夠，所以顧客會藉由服務過程中接觸品質的好壞來斷定，因此服務接觸是顧客瞭解公司的溝通管道。醫師的專業病人通常無法充分了解，病人可能藉由環境與護理人員親切的態度，與醫師耐心的醫病溝通，評估此家醫院服務的專業與醫病能力。

另外，有些設計公司在幫助顧客進行居家設計規畫時，經常以輕鬆悠閒與新奇的話題來讓顧客放鬆，同時在設計規畫時，經常以業主的立場為出發點，提出可以省錢的規劃設計手法來取信業主，如此業主的滿意度相對比較高；由此可知，服務的接觸是服務提供者讓顧客識別重要的溝通管道。

三─六 服務接觸影響口碑 顧客相信朋友卻不一定相信廣告

口碑的傳播力道，不輸原子彈爆炸之後所擴散的速度；一個有關口碑傳播的威力事件，一位大學教授發現英特爾Pentium處理器有瑕疵，這個消息在網路迅速的擴散，顧客用電子郵件和電話砲轟英特爾。該公司曾於一天內收到二萬五千通電話要求保證退貨。英特爾一開始拒絕照辦，但隨即遭到新聞界砲轟，股價快速的下跌，股價對口碑的反應是很敏感的，公司最終花了四億七千五百萬美元來平息這件事（Rosen,2001，林德國譯）。

而雪印乳業是日本聲譽卓著的一家公司，不幸的是在二〇〇〇年六月二七日其大阪工廠生產的低脂牛乳商品，發生飲用者食物中毒的現象，而該公司遲於六月二十九日才公開承認此事實，此後一個月期間，接連傳出消費者、企業體的一連串健康受損的訊息（賴東明，二〇〇〇）。雪印公司於事件發生初期仍試圖隱瞞此食品公共衛生事件，但經媒體揭發及口碑傳播後，公司最後仍被迫回收所有的問題食品，導致公司品牌形象破滅，總損失高達二百二十億日圓，雪印擁有日本乳品市場之領先地位也從此一蹶不振。

一九九八年，個人blog網站「德拉吉報導」率先披露美國前總統柯林頓與陸雯斯基緋聞案。

某個部落格的主人在部落格上貼出一篇文章，說明用一支原子筆就可以打開kryptonite品牌的自行車鎖，結果引發廣泛討論，迫使這家鎖商不得不回收產品，並免費幫購買該產品的消費者更換新鎖，讓這家鎖公司在十天之內損失了上千萬美元。（資料來源：周世玉教授《電子商務課講義》）

由上述的案例可以了解口碑之所以深具威力，因為它是活的、直接的、經驗的、面對面的過程，它具備一個基本要素：「資訊來源的可信度」，它是透過朋友、同事、或知名專家來傳達，人們一般比較容易相信和自己相近的人，所以它會影響人們的決策過程。《Baker》

2002，葉冠伶譯）我們較易相信家庭成員或朋友所提供的訊息，這是人類判斷事務訊息的偏誤，稱之為家庭偏誤（Family Bias），這也是口碑傳播之所以具有強大威力的原因之一；消費者在心理層面對服務品質的認知，是可以試著以消費者的口碑反應來探知服務成效，這是服務提供者了解服務品質更為方便及迅速的途徑。

獲得消費者的口碑宣傳是一項非常重要的指標，因為潛在顧客的消費，通常會透過徵詢朋友的意見而進行消費性的參考，尤其是高風險的服務傳遞更是如此，這種意見極具說服力，例如醫學美容、餐廳與飯店、保健食品、旅遊甚至購車品牌的選擇等等，口碑的傳播似乎佔有重要因素。

‧服務接觸是形塑口碑最容易的一個管道。

針對以經驗品質的消費屬性更需要口碑訊息的參考；有些消費性服務需要經驗過整體的服務過程，才能揭曉服務品質的好壞與消費是否值得，因此口碑是最直接與快速的評估線索；在服務接觸的過程中，服務提供者藉由專業的知識、熟練的技巧、親切友善的態度以及高度的同理心，創造消費者在服務傳遞的過程中，有了較佳的品牌與服務的體驗，而這些體驗也幫助了消費者更有組織與系統在傳播口碑；因為消費者在服務傳遞的過程中，以情境的方式記憶整個過程，如此的記憶並無需特別背誦，可以直接喚起當時的情況。當消費者向他人轉述所聽到、看到或經驗到一些服務的故事，即形成所謂的有口皆碑，這就是口碑傳播（Word-of-mouth）。

感動服務問題討論便利貼

1. 組織的願景是什麼？
2. 組織的經營理念是什麼？
3. 組織的價值觀為何？這些文案是否提供具有行動的指導作用？

第四堂課　情緒與關係行銷的商業價值

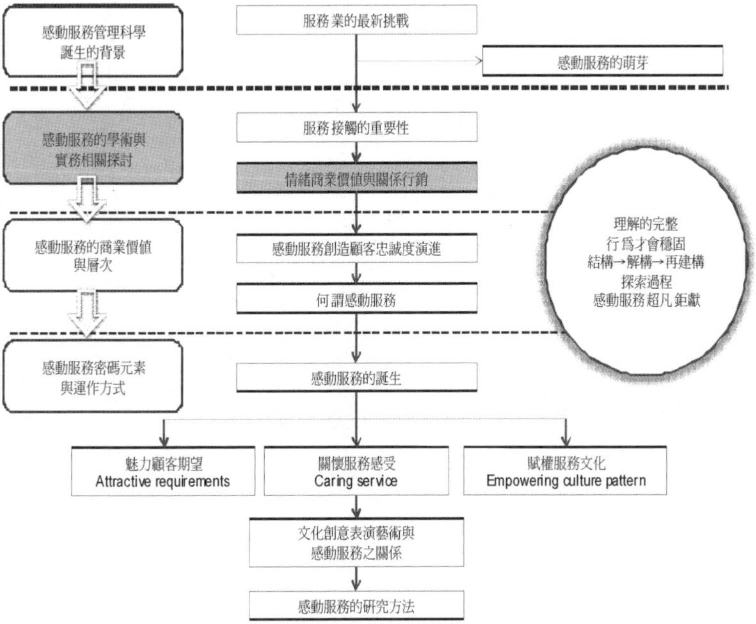

拙劣的藝術家永遠戴別人的眼鏡。
要點是感動，是愛，是希望、戰慄、生活。
在做藝術之前，先要做一個人！

—巴斯噶—

行銷的商業手法，是操作「價值」還是「情緒」？

四—一 感動的情緒 感動服務已成趨勢 在商業上生米煮成熟飯

自從丹尼爾・高曼針對情緒智商進行一系列的探討之後，解開人們不少的困惑，針對情緒的相關探討越來越豐富也更具多元，從情緒管理與職場關係、情緒管理與人際關係、情緒管理與親子關係等，現在探討情緒與商業的關係逐漸躍上主流。

無論是廣告乃至於商業運作，越來越重視情緒的運作機制，例如，有某個銀行的廣告以感動作為訴求表現，劇情中呈現一位老人家，下雨天沒有帶傘，躊躇不前仰望天空時，某家銀行的理財專員見狀，立即將自己手上遮雨的傘交給老先生，就逕自冒著雨跑步離開，接著上場的畫面是企業相關服務的介紹；藉由主動關懷利他的行為讓人感到溫暖，這樣的感動情緒更直接的與企業形象連結，如此傳神的表達企業服務精神，使觀眾有更深刻的理解。

另有一個汽車租賃業者廣告的案例，首先出現的畫面是顧客以電話預約的方式向租車公司租車，電話那頭傳來親切的客服人員，主動稱呼顧客姓名，並以自信且溫暖的口吻，確認顧客尚未提出的需求，而且也主動幫顧客設定好 導航路線，並提醒租賃顧客在何處還車即可。

這些廣告訴求的案例，強調貼心的顧客服務，均能引發顧客正面情緒性，以建立顧客的信賴感，促進顧客關係的一種表現。這樣的廣告宣傳，比直接訴諸產品的功能，或是超強的性能更有效益。

四—二 注意！情緒是行為的指引

消費者理性決定購買行為嗎，不！是情緒！

在心理學家對情緒（emotion）的定義是多重角度的，在張氏心理學辭典中對情緒的定義是指：「由內在或外在的刺激而引起失衡的心理狀態，包括極為複雜的情緒性反應。」所以，我們的情緒作用，在正常的情況之下，容易受到外在環境與內在經驗的影響，產生情緒的起伏活動。

情緒是相當複雜的議題，也具有主觀的感受及生理上的反應作用。例如，某些人對榴槤的味道感到噁心，有些人則視之為人間極品；而對抽菸感到厭惡的人，當聞到菸味時會感到不適立刻產生想要逃離的感受，也有呼吸困難的生理現象。有些人因為小時候曾經溺水，因此會害怕游泳並感到恐懼，使得心跳加速的生理現象；同樣的道理，蛋糕會讓我們產生驚喜與歡樂的情緒反應，因為糕點經常出現在各種歡樂氛圍的場合，使我們在主觀和生理的反應上產生各種作用。

當我們處在良好情緒的情境狀態下，可能對於某些事物或看法會比較有正面的感受。例如，有一回我到超級市場購物，逛到壽司區時看到貨架上排列著龍蝦壽司，價格標示令人望之卻步，心想吃個晚餐不必要花這麼多錢吧！正要打消念頭的同時，超級市場的廣播響起：「現場的先生女士，本公司即將在五分鐘之後舉辦肺活量的比賽，有興趣的朋友可以報名參加，有大獎等著您。」我想反正沒事就去參加比賽，結果得到第一名，得意的神情不言而喻相當開心，於是輾轉又逛到壽司區，心想小週末偶爾款待自己一下也是不錯的選擇，於是乎龍蝦壽司成為購物清單的頭條，還加購了搭配龍蝦壽司的白酒享樂一番；回到家中這才恍然大悟，原本嫌貴的商品經過一場趣味競賽之後，由於情緒的轉變對於事情的看法截然不同，情緒設防強烈時，消費者比較不願意冒險購買金額較高或是未曾嘗試過的商品，但是只要消費者心門一開快樂無比的時刻，那冒險犯難的消費精神，對於企業的促銷活動，起了事半功倍的效果，消費力令企業嘆為觀止；這就是原來設防很強心理機制，因為快樂的正面情緒，解開一切消費的枷鎖，其正面情緒在商業上的運用，所產生的效益值得企業投入。

- **當我們處在良好情緒的情境狀態下，可能對於某些事物或看法會比較有正面的感受。**

四─三　情緒的感染力　入山看山勢　入門看人意

情緒是否會相互感染，台灣有句俗語說：「入山看山勢，入門看人意。」這句話相當的貼切，強調人為了配合環境所應對的智慧，這也是人順應環境的本能；您是否有過這樣的經驗，當進入一個社交團體時，氣氛溫馨充滿笑容，一連串的微笑牽引，我們自然也會感到溫暖而自在；場景轉換到莊嚴肅穆的會場，很自然的我們也會莊嚴起來，放慢步伐小心翼翼，說話舉止都會更加謹慎，在心理學上稱之為情緒感染（emotional on tagion）。情緒感染係指人們會自動模仿並同時與他人一起產生行動、表現、姿態、聲音，以形成情緒上的聚合。情緒感染每天都在我們生活的場域當中扮演著隱形導演，指引我們個體或是集體的行為如何表現，我們經常如此，當我們所支持的棒球隊擊出安打時，大家一起歡聲雷動鼓掌叫好，就是一個真實的現象；又例如我們參加婚宴時，新娘的父親將女兒交給新郎的那個瞬間，新娘與父親的依依不捨，現場賓客鼻子酸酸的眼淚也幾乎奪眶而出，不捨的情緒也跟著降臨，這樣的情緒感染相信大家都有相同的經驗；而發生情緒感染的主要先決條件，就是個人必須參與或將情境焦點放在其他人身上，或是感受到自己與他人之間有所互動。

- **情緒感染係指人們會自動模仿並同時與他人一起產生行動、表現、姿態、聲音，以形成情緒上的聚合。**

最具經典的案例是在越戰期間，美國士兵在稻田處與越共發生槍戰，這時忽然之間有六個和尚前後縱隊排成一列走過田埂，十分鎮定且若無其事的穿過戰場。其中一位美國大兵回憶道：「這六位和尚毫不猶豫勇往直前，穿過交戰的雙方，奇特的情況發生了，竟然沒有任何士兵開槍向他們射擊。大家忽然間毫無戰鬥的情緒，大家不約而同休兵一天。」這些和尚的穿越澆息了戰火，這正是可以顯示人類的情緒是會互相感染。由此我們可以引申探討，服務提供者團隊所展現熱忱的服務氛圍，對於顧客而言產生正面的情緒影響甚深。

四—四　情緒與行銷領域的關係　情緒是行銷的接力棒

烹飪一鍋美味的白米飯，首先得清洗附著在剔透白米上的雜質，過經三、四次清洗後，給予適當的水量與正確的烹煮方式，最後才能端出香噴噴的米飯；在情緒與行銷領域的探討當中，我們也準備以烹煮一鍋美味佳餚的程序進行探討；首先將服務過程中產生負面情緒的作用進行說明，以了解負面情緒產生的現象有哪些？接著探討引發正面情緒的作用為何？進行說明。

在服務的過程中，主要的任務是創造顧客滿意的過程；滿意的顧客是藉由服務人員提供良好的服務，所激發出多面向正面情緒所累積形成；因此，顧客在接受服務的過程中，將會參雜著正面與負面情緒的體驗加總，以形成顧客對於消費過程整體滿意與否的經驗。接下來我們將揭開，由負面情緒所產生的現象為何，在服務的過程中如何被提取，再逐漸闡述正面情緒在服務接觸過程中產生的作用。

大致上，造成顧客不滿意的負面情緒有三個面向，整理如表4—1：

表4—1造成顧客負面情緒三大面向　。

行銷者所引發	導致負面情緒者歸因	情緒反應
行銷者	外部歸因	生氣
消費者	內部歸因	羞愧
環境因素	情境歸因	害怕

顧客不滿意的情緒源自於行銷者所引發的生氣情緒，所形成的因素如下：

生氣情緒：產生生氣的情緒者其實內心所承受的壓力很大，時間拖的越長就越強烈，行為就越難控制，所以服務提供者要相當小心，會誘發顧客引起此類相關的行為；在服務的過程中使顧客產生生氣的情緒，有三項原因：

首先，服務提供者損害顧客的權益或是對顧客產生不公平的待遇時，例如所購物品有瑕疵、過期或是同等消費金額卻給與不同的待遇等等，這類的原因，對於企業的殺傷力很強，因此經營者必須嚴加控管。

其次，顧客對於消費的情境有預設期待，當期待與實際消費時進展的不順利，也會產生生氣的情緒，例如營業時間中商家卻因故關門、維修服務時間比原預期時間更長、銷售人員報錯價格等等均是。

接著，總是被服務提供者忽略得不到適當的服務，也會以生氣憤怒來引起注意，這類的狀況經常在尖峰或旺季時候發生，被冷落的消費者情緒可見一般。因此上述三種類別的生氣情緒，是行銷者必須妥善的規畫與控管，以避免此類負面情緒的發生。

消費者自身所引發

顧客不滿意的情緒源自於消費者自身所引發的，如羞愧情緒，所形成的因素如下：

羞愧情緒：主要源自於，顧客無法順利完成服務提供者所訂相關規定與配合措施所導致，例如顧客進入法式餐廳用餐未能穿著正確的服裝規定、顧客預約服務卻嚴重遲到影響其他客人權益、顧客誤解服務提供者的規定或是不慎損壞服務提供者的生財器具等等；當顧客產生羞愧感與罪惡感時，服務提供者要減低顧客的羞愧感即可，例如當羞愧發生時，應該要維護顧客的面子，強調此種情況經常發生無須介意、幫顧客採取替代方案協助服務等等均是對應之道。

環境因素所引發

顧客不滿意的情緒源自於環境因素所引發的，如害怕情緒，所形成的因素如下：

害怕情緒：主要的原因，對於危險所產生的一種自然的反應，例如服務場所正在施工當中沒有做好安全措施、逃生出口被封閉、顧客爭吵或是服務現場有老鼠到處流竄等等，當顧客產生害怕的情緒時，比較常見的反應是憤怒的顧客抱怨，或是逃離服務現場。

（以上情緒作用與解釋內容引用《情緒管理》作者：蔡秀玲、楊智馨，出版社：揚智出版社）

一般而言，消費者試著要擴大正面情緒且降低負面情緒狀態。負面的經驗其實比正面的體驗強度更強、更具有顯著的影響力。而負面的詞彙也將引發負面的情緒，例如在面對顧客抱怨時，有些辭彙的表達必須避免，例如「請您不要生氣」、「請您不要這麼激動」、「請您先冷靜一點、你先聽我講……」、「這是我們公司的規定」、「你有什麼問題嗎？」、「我不能／這不是我的事」、「那是不可能的，我們都經過……」、「您這樣會造成我們的麻煩……」、「那不是我們的問題是你自己的問題」、「很抱歉，我們一向都是這樣處理」、「別的客人都可以……」、「該做的我們都做了，你到底要我們怎麼做……」等等，這樣的應對方式將使顧客更是感到惱火，有可能再也挽不回顧客的心。例如賣化妝品的專櫃小姐，看到顧客臉上的青春痘，開頭第一句關心的話卻是：「你的臉上長滿青春痘，很嚴重也很少有人像你一樣；您的問題可以參考一下我們的產品……。」或是「假如您預算有限的話，可以考慮一下別種機型」……、「這個產品比較貴一點……」、「您的信用卡有問題可能額度不夠……」、「雖然有些顧客使用產品之後無效，但是那畢竟是少數」等等。消費者之所以對服務感到不滿意或是購買商品產生抗拒性，或許是因負面辭彙所引發，因此這些負面辭彙應盡量避免使用。

而服務時使用不當的肢體表達，也會引發負面情緒；例如，飯店曾經收到一封顧客的抱怨信函，更確切的說是部落格發表不滿的聲音；該顧客表示當他進入飯店時，迎面而來的不是熱情友善的服務人員，而是眼神銳利如同金屬掃描探測器偵測全身行頭的門衛，顧客感到該飯店瞧不起他，接著在辦理入住登記時，他發現櫃檯人員態度冷漠，應該是在打量他是否能付得起房租；接下來，入住的房間，似乎清掃不乾淨。最後，終於再進入餐廳前情緒爆發了，因為帶位人員問他有無訂位，如果沒有訂位請稍後看看是否有位子，這位顧客感受被排擠、被評價，甚至不受尊重；這位顧客不願意花錢受罪，於是在部落格上PO文下了負面情緒字眼嚴重的抱怨標題：「某某飯店狗眼看人低」，不僅如此還有很多朋友跟著一起吆喝。

讓我們回到最初的現場，門衛因眼神看錯位置，在服務傳遞的過程中，召來顧客一連串偵測與解讀負面訊息的線索，而且醞釀的力量就像是鍋爐一樣加溫速度之快，讓服務提供者措手不及，如果一開始引發顧客不佳的服務印象，那連鎖的反應將無法想像；由此可以看出服務傳遞過程以接力賽來比喻，起跑第一棒絕對要給顧客一個好的開始，為顧客帶上一幅只能偵測正面訊息線索的眼鏡，啟動消費者偵測正面情緒價值，如此才不至於影響以下接棒的各站服務工作。

- **服務傳遞過程以接力賽來比喻，起跑第一棒絕對要給顧客一個好的開始，為顧客帶上一幅只能偵測正面訊息線索的眼鏡，啟動消費者偵測正面情緒價值，如此才不至於影響以下接棒的各站服務工作。**

這個論點在「敏於觀人」（personal sensitive）的神經網絡中獲得證實，人與人初次相遇之時，在〇．〇五秒之內，相關的神經區域就會做出正面或負面的初步判斷，所以第一印象相當的重要，如要讓顧客樂於接近服務提供者，就必須清楚掌握顧客喜歡接近的相關線索，也因為人類會主動經營印象。因此，妥善的規畫良好的印象顯得非常重要。

服務的起跑棒，最重要的是引發消費者快樂的情緒，它的重要性在大腦的研究科學之中有最新的發現。快樂是生命之中最強的力量，會形成及引導個人的行為，足以豐富或是摧毀生命的力量；例如，賭博、滑雪、戀愛、賽車、冒險極限運動等等這些都會引發快樂的情緒；每個人都必須自我決定要付出何種代價，快樂是一種精神或是意識狀態，當人們花費相當大的專注力時他們會渾然忘我，我們很容易被快樂的力量所吸引，當我們產生快樂的精神狀態時，腦部會分泌一種多巴胺的化學物質的流量，同時將這種物質傳遞至全身，那種感覺非常棒會使人想要一直持續下去，同時也啟動腦部其他一連串反應，包括意識、性格及記憶的部位。

快樂不僅是短期的精神或意識狀態，更會帶來健康與長壽的幫助，所以快樂也是一項重要的疾病治療工具，它會促進免疫系統的功能，當我們有著強烈的快樂感覺，免疫系統會形成保護至少延續二～三天左右，使我們比較不容易生病，所以快樂就像注射疫苗強化我們的免疫力避免我們致病。

對於服務接觸過程之中重要的「快樂」是由外在刺激所引發的正面感受，例如完成任務、抽獎獲得好的獎項、購買電影票獲得較佳的位置、參加競賽活動獲勝、贈品招待與獲得吉祥的祝福與讚美等等，這些都是引發快樂情緒的外顯因子；快樂的力量深入服務接觸的過程之中，對於消費者與服務提供者之中有絕對的益處，服務提供者增加快樂的組合與呈現能力，適度的促進一連串享受不同的快樂，最後將累積成很大的快樂。所以運用快樂的力量啟動服務接觸的第一棒，是最佳的服務序曲。

服務接觸的第二棒，也就是承接服務的起始以及結尾的接力棒，重要的情緒訴求是「愉悅」；「愉悅」則是心裡認同所引發，例如：有一則要奶油兼送法國麵包的故事；一家公司的同事到法式餐廳用餐，似乎是慶祝獲得大客戶的訂單；就在他們用餐時酒酣耳熱之際，那位女士突然提出：希望餐廳送她一份奶油，服務人員立即表示樂意幫顧客準備；服務人員將最新鮮冰鎮過的奶油，加上剛烤好切好的德國雜糧麵包，在包裝盒的保護之下，送到這位女士的面前，服務人員說：「這裏面除了您要的奶油之外，我們還幫您準備了德國雜糧麵包，當您回到家裏，在舒適的沙發上，點一盞小燈，聽著您喜歡的音樂，享用這絕配的點心，希望您會喜歡。」這時這位女士站了起來，叫了服務人員的英文名字，道聲感謝！那感覺就好像做了一場完美的演出，觀眾起立鼓掌似的。相信這種舉一反三的感應式服務，相信顧客內在的愉悅感受一定滿分。

前面服務如此的精彩，最後接力賽的最後一棒，是否就可以鬆懈也就相對不重要呢？我們來看看在服務行銷的研究實驗當中所產生的結果；實驗根據三種不同服務接觸的類別（週末租車、搭乘國際班機、購買商品），研究消費者如何評價服務接觸的良窳。因此實驗者在每一個類別裏，各設計有三個情境，在第一個情境是第一棒表現良好，核心接力棒也很適當，但在衝刺的最後一棒時卻表現不佳；結果顯示，這會對顧客造成一種惡化的感覺；在第二個情境則是與第一個情境相反，但會給顧客一種回甘的滋味，漸入佳境的感受；在第三個情境則是從頭到尾的服務都很適當。結果顯示在第二個情境裏，顧客給予比另外兩個情境更正面的看法。

因此，服務接觸結尾的接力棒，要給與顧客溫馨的感受；溫馨的感受會讓人感到溫暖，例如春回大地，回到家鄉襪子總是沾染了不少的泥巴，歸鄉之途總是雀躍的。當離鄉時刻來臨父母親總是嘮嘮叨叨雜念個不停，我總是不厭其煩想要趕快離開父母身邊，但是就在離開的一刻，父母親總會將水果塞入我的旅行袋之中，並告訴我多讀書有空打電話回家，天涼了多穿件衣服，沒錢的話一定要告訴他不要餓著肚子。每每想起心頭總是酸酸的，我知道父母愛我，願意扛起護衛的盾牌，抵抗我人生所受的各種磨難，只為我好！是那種在外面大千世界中不小心犯了滔天大罪，被世人遺棄時，還能被溫暖擁抱的溫度，歸鄉的明燈永遠亮著等帶著你尋找回家的路，所以故鄉永遠是故鄉。

消費過程即將結束，溫馨的歡送客人，是人性關懷表現的重要時刻，能否將顧客的心留在服務提供者的場域，就得妥善的規畫顧客離去時創造顧客溫馨情緒感受的服務措施；例如，歡送的語言、設想並協助顧客離去時的不方便狀況、代為協助顧客接下來的任何活動或是送給顧客祝福的吉祥物等等均可。

彙整上述的探討以情緒的角度來說明，服務傳遞過程中起跑第一棒、核心的接力棒服務與最後一棒的情緒訴求為何，以表4—2來進行說明：

表4—2服務傳遞過程引發顧客正向情緒要點。

服務傳遞過程	引發正面情緒要素	說明
起跑第一棒	快樂	外顯的正面情緒是一種因外在刺激所引發
核心接力棒	愉悅	內在的正面情緒是透過一種心裡認同所引發
最後衝刺棒	溫馨	總和上述二種作用給與顧客真誠的關心所引發

藉由上表的說明可以了解，並非服務傳遞過程中，以服務好壞來判定開始與結束過程相對重要性與否，而是服務傳遞過程中，所經營的情緒特色各有不同，這才能更貼近服務接觸的實務運作基礎。因此，在服務傳遞過程中每一個服務步驟都將形塑顧客產生多面向不同的服務經驗，有些是正面的，有些是負面的。這些經驗將成為正負面情感的來源。

- **在服務傳遞過程中每一個服務步驟中……有些是正面的，有些是負面的經驗。這些經驗成為正負面情感的來源。**

服務提供者必須盤點服務傳遞的每一個過程，我們稱之為服務藍圖，為了使得顧客對於整體的服務面貌產生正面的評價，在服務藍圖的規畫運作當中，應減少造成負面情緒的狀況發生，例如容易使得顧客等待的步驟必須即刻調整、改善與預防，例如排隊購票、等餐時間、等待維護保養的時間、預約登記的時間、貨物寄達的時間等等這些都須列入管理，因為顧客認為自己的時間最寶貴，所以有研究指出速度也是服務品質重要的一環。

同時，也必須將服務步驟的過程最高標準為何？最低容忍的基準又是什麼？設立指導原則；不似廣告創意公司為創造具有爆發性的說服力，在規畫與設計方面沒有上限也無底線的發想，這固然是創意的本質，但是如果引用在服務業，將會造成不少服務災難；不僅如此，服務失敗的可能因素更是必須嚴加列管，例如餐飲衛生、菜上錯座位、預約錯誤、零件更換錯誤、訂貨與送貨、醫療疏失、引起爭議的促銷方案等等，這些是服務提供者專業的核心能力，應該要謹慎管制，安排正確與勝任的人員、適當的設備以及適當的方法，才不至於發生服務失敗的窘境。如此才能在最終完成消費之後，正面與負面的經驗加總形成滿意度的評價。

根據IBM的研究者史普拉根（Susan Spraragen）將服務藍圖更進一步的發展加上顧客的情緒狀況。在服務藍圖中加上顧客的情緒反應後，史普拉根的圖表顯示顧客體驗的整體影響力。她將這些圖表稱為「表意的服務藍圖」（expressive service blue-Prints），這類用來描繪顧客體驗的嘗試，是發展適當服務業架構的重要工具。首度將顧客情緒因素放入服務藍圖的重要論點，此論點將有利於推動感動服務新策略的一項重要的管理工具。

「服務人員」影響顧客服務體驗包括：服務人員的衣著打扮、行為態度、專業技術與對顧客的承諾等。也因此服務業相當重視服裝儀容的規定，與服務行為的規範，哪些是服務的最佳原則，而哪些又是服務的禁忌；所以服務人員如何在顧客面前表現自己，不論是服務人員所說的話、舉止動作、外表打扮等，都會影響到顧客的消費的整體評價與體驗，以及再次購買的意願。這也是任何服務業不論是醫療產業、零售通路業、房地產業、百貨業、航空運輸業與國際觀光旅館業相當重視的一環，除了這些會影響顧客的消費體驗之外，甚至會影響顧客對於服務提供者預期的觀感，不得不慎。

作者整理關於外表吸引力的相關研究，可供讀者延伸性的參考；科學家對美的測量有一套結論，對於可愛的嬰兒具備大大的眼睛、玫瑰花般的雙唇、豐厚的臉頰、五官集中在臉孔的中央，（引發我們的母性本能）寶寶可愛是那種無助需要別人照顧她的表情；而女性美的二個因素是年齡和健康，光滑柔嫩的肌膚，豐滿的雙唇代表青春和健康，人一生最美的年齡是十四至二十四歲之間，而女性十四歲月經來潮開始有生育的能力時，吸引力在此時達到巔峰尤其長相更加成熟。

年輕就代表性吸引力，而性吸引力是推銷產品的不二法門，這也難怪汽車大展時展示女郎各個精挑細選，因為背後隱藏著強大的說服力，驅動著顧客幾近被催眠的狀態下，強烈的慾望想擁有一部豪華的轎跑車。因此，時尚界也發展了一套美學的標準，那就是眼睛距離要夠寬、下巴要結實線條要鋼硬、鼻子要挺，這樣的影像深具吸引力，而且還要兼具嬰兒和成人的美感高高的顴骨、美麗的鼻子、漂亮的輪廓、額頭、下巴、弓形的嘴型這些都是時尚界多年的研究成果。

為了瞭解外表的吸引力，時尚界真是卯足全力的探索，以找到美感經濟的驅動元素為職志，美感不僅能創造經濟也是人際互動的重要因子；根據非語言傳播的研究顯示，長得不太好看的病人在醫院裏，被探視的次數總是比較少，停留在醫院裏接受治療的時間比較長，受到診斷的態度比較不和顏悅色，而且與其他病人的交往也比較少；在生命的早期，判斷和一個人的吸引力就已經聯繫在一起了。另有一項研究發現，在小孩的生活中，有很多場合大人會質問：「這是誰幹的好事？」如果剛好有一個不漂亮的小孩在場，他（或她）被指出來是「犯人」的機率很大。

外表吸引力較高的人常被他人認為是具有人緣、溫和、心理健康、勤勉及社交技巧等特色，說明了外貌的確會影響人際關係的互動；因此，我們可以理解為何人們容易對外表吸引力的人產生「美就是好的刻板印象」。

作者從事多年的服務實務經驗中，總計歸納出服務業在男性與女性人員的服務裝儀容的原則供讀者參考：

男士服務儀容與衛生規定（參考範本）

通則：

1. 個人應經常洗手。
2. 不以手指搔頭、挖耳、鼻。
3. 經常理髮、洗頭、修剪指甲，定期修剪鼻毛，不得留鬍鬚。
4. 香水以除臭為主不可有濃郁的香味。

5. 手指不得觸及供客用之食物、餐具內壁、杯碗上緣或食具會觸及口唇部分。
6. 不得赤膊、赤足。
7. 工作場所內不得吸煙，不隨地吐痰，不亂丟棄廢物。
8. 穿著清潔之制服。
9. 食品應用夾子夾取，不可用手抓取。
10. 衣服、鞋、襪、梳子、掃除用具等，不放在工作場所內。
11. 個人工作區域，隨時保持衛生清潔。
12. 咳嗽或打噴嚏，應即時以手帕遮住口鼻。
13. 每天沐浴，更是個人衛生的必要條件。
14. 應每日勤刷牙，飯後漱口。工作前避免食用異味食品，影響衛生，工作時禁止嚼口香糖，禁止在工作場所抽煙，工作場所內禁食檳榔。
15. 員工進出工作場所應穿著標準制服，不得因圖便利而脫去或加入非公司規定之服飾。
16. 不可刺青在皮膚可見之處。

髮型：

1. 髮型應以服貼短髮為宜。
2. 長度須保持前不長於眉，兩邊不及於耳，後不及衣領。

3. 雜毛應梳理整齊，不可毛躁。清爽有光澤。

耳部：

1. 禁止配戴耳環。

眼鏡：

1. 不可配戴有色眼鏡鏡片或隱形眼鏡。

制服：

1. 制服應隨時保持清潔、筆挺、合身，經常換洗，衣袖保持平燙線條。
2. 襯衫第一顆釦子要扣，且須燙平整
3. 衣袖不可翻摺。
4. 制服破損時應立即更換，扣子掉落時應即縫補。
5. 領帶不可歪斜
6. 工作時須配掛名牌於上衣之左上方。
7. 衣服口袋不宜置放物品，僅可放一枝具質感的筆，而長褲口袋不宜置放過多物品，如：零錢。

皮帶：

1. 環扣為金屬製，簡單光亮有質感。
2. 皮帶頭不宜過大。

腿、足部：

1.上班須著黑色皮鞋，不可穿著皮靴、拖鞋或涼鞋。皮鞋須經常擦拭，並保持清潔光亮。
2.褲長不宜過長，褲腳不可太多皺摺。
3.須著黑襪。
4.鞋跟不宜過高

手部：

1.手錶須是素面式樣，素色錶帶。（皮質錶帶為佳）。
2.指甲須修剪整齊，不可藏汙納垢。
3.戒指式樣單環無墜飾（一隻手只能帶一只，不可帶拇指），不可佩戴「金」戒指。
4.不得留長指甲，不擦指甲油，手指應經常修剪整齊並隨時注意清潔。
5.不宜佩戴金飾、玉鐲、及佛珠等具宗教信仰飾品。

女士服務儀容與衛生規定（參考範本）

通則：

1.個人應經常洗手。
2.不以手指搔頭、挖耳、鼻。
3.經常理髮、洗頭、修剪指甲，定期修剪鼻毛。

4. 香水以除臭為主不可有濃郁的香味。

5. 手指不得觸及供客用之食物、餐具內壁、杯碗上緣或食具會觸及口唇部份。

6. 工作場所內不得吸煙，不隨地吐痰，不亂丟棄廢物。

7. 穿著清潔之制服。

8. 食品應用夾子夾取，不可用手抓取。

9. 衣服、鞋、襪、梳子、掃除用具等，不放在工作場所內。

10. 個人工作區域，隨時保持衛生清潔。

11. 咳嗽或打噴嚏，應即時以手帕遮住口鼻。

12. 每天沐浴，更是個人衛生的必要條件。

13. 應每日勤刷牙，飯後漱口。工作前避免食用異味食品，影響衛生，工作時禁止嚼口香糖，禁止在工作場所抽煙，工作場所內禁食檳榔。

14. 員工進出工作場所應穿著標準制服，不得因圖便利而脫去或加入非公司規定之服飾並不得赤足。

15. 不可刺青在皮膚可見之處。

16. 妝容高雅不宜過度濃妝，請塗口紅並以淡妝為宜。

頭髮：

1. 如蓄瀏海勿蓋住眉毛

2.頸部或臉頰兩側不要有細髮散
3.搭配適當髮飾。
4.配飾不宜過多，如：項鍊+（胸針或耳環）。

髮飾：

1.髮飾應以深色系為主。
2.不可配戴彩色束帶、可愛髮飾、蝴蝶金屬夾……等。

耳部：

1.不可配戴過大，怪異或垂吊式耳環。
2.不可佩戴金飾。
3.請戴貼式耳環直徑不得大於1公分不可過耳垂以一對耳環為限

衣著：

1.衣服須燙平整，乾淨整齊。
2.項鍊採取減約為主。
3.裙長不可過短，膝上五公分為主。

腿、足部：

1. 上班須著黑色之包頭鞋，不可穿著皮靴、拖鞋或涼鞋。皮鞋須經常擦拭，並保持清潔光亮。
2. 不可穿彩色絲襪，須著黑色絲襪。

手部：

1. 佩帶手錶，應以素面式樣素面錶帶。
2. 不宜佩戴金飾、玉鐲、及佛珠等具宗教信仰飾品。
3. 戒指式樣單環無墜飾（一隻手只能帶一只，不可帶拇指）
4. 手指應經常修剪整齊並隨時注意清潔。
5. 不可擦顏色過於鮮艷的指甲油。

鞋：

1. 以深色高跟鞋為主。
2. 應每日擦鞋保持清潔光亮。
3. 鞋跟不宜過高。

四－五 關係行銷登場　信任＋承諾＋長期互動＝關係行銷的基石

「誠信」在今天的商業社會中，格外值得深思。所謂的誠信根據說文解字的觀點，「誠」用白話來講，自己說的話，能自己完成就是誠。而「信」是指，別人能聽我的話，跟著我說的話去做就是信。

因此一個主內另一主外相互搭配，方能成就誠信的人文典範。在服務行銷的領域當中「誠」即代表服務的保證而「信」則是因相信保證的可能性，而進行消費的行為；所以先有說到做到方有消費力道。

一九三二年，十六歲的王永慶在嘉義開了生平第一家米店。有回深夜兩點，大雨滂沱，米店的門砰砰作響，有家客棧的廚師說，有旅客上門等著吃飯，要他立即送一包米去。王永慶開了門，二話不說就戴上斗笠、披著粗麻布袋送米過去。早在七十年前，王永慶就以「服務周到、信用第一」開始做生意。他說到做到，「一諾千金」。從米店到台塑集團，王永慶建立了獨特的信諾長城，由此可知信任力就是競爭力。

而台灣首富郭台銘，對於企業建立信任方面主張三個階段，首先，產品品質是企業的生命，品質不好，企業就不會好，品質是人做出來的。只要員工認知企業文化，認知品質是企業的生命，就會用心去做。其次，是對服務的信任。要達成客戶的要求，不是光有生產，還包括交期、售後服務；最後，成本競爭力的信任。公司儘量跟客戶達成互惠雙贏。而信任往往是在當對方最需要你的時候建立的。只有在彼此需要的時候，才會建立信任。

人與人或是人與企業間關係的強弱與信任的高低成正比；由曾仕強教授所著胡雪巖的經營管理中提到，紅頂商人—胡雪巖，旗下的集團從開設錢莊、出口蠶絲、設置藥廠、買賣軍火規模龐大、資金雄厚；在清末貪污猖獗、官吏腐敗、軍事衰弱、百姓不滿、叛亂紛起的時代還能創造億萬家產，可說是充分發揮中國人的智慧；靠著左宗棠的軍事版圖，一路平步青雲機靈的揮灑生意頭腦，政商關係的運用上，到了呼風喚雨的境界；中國人常說：「沒關係就要找關係；找了關係要拉關係；拉了關係要發生關係；結果就真的沒關係了。」相當傳神的形容；經商之道關鍵在於建立關係，無論任何的商業行為採購原料、資金籌措、找尋貨源、業務銷售都離不開關係一途；關係夠，甚麼話都可以直說沒問題；關係不夠，甚麼話都不方便說，差距之大不得不拉點關係；胡雪巖在這方面所下的功夫可說是最具華人哲理的表率。

就服務業的角度而言，關係行銷的運用，是透過組織提供的多重服務來吸引、維持與強化顧客的關係；以下我們針對吸引與維持兩項機制來詮釋關係行銷的運作模式。

吸引

是指引起顧客的注意，吸引顧客光臨（如週年慶促銷活動與舉辦事件行銷等）。

維持

係指維繫顧客並建立其顧客忠誠度關係。

所以藉吸引、維持來加強與顧客的關係是一連串環環相扣的整合性活動。企業與顧客之間的互動越來越頻繁，而關係行銷的觀念與實務更趨成熟，產品品質更出色、企業增加更多的創新服務。因此，企業必須瞭解顧客是公司的重要資產，唯有與顧客建立並維持良好的關係，才是企業的永續生存的王道。

國外學者研究認為，有效的關係行銷能為企業創造四個優勢：

(1) 高比率顧客滿意度。
(2) 高度忠誠的顧客。
(3) 消費者知覺廠商給予較佳產品品質。
(4) 增加利潤。

真心付出，真誠關懷，顧客關係情感將濃得化不開；企業想要擄獲顧客的心，產品的價格往往僅是基本的要素之一，而顧客關係的建立與維持，才是獲得競爭優勢的利基；而當信任與承諾因素同時出現時，產生的結果是提升整體的效率與生產力，這樣的作用將直接導致合作的行為，此合作的行為又可導致關係行銷的成功。

信任是祥和社會重要的資本，而信任正是關係建立的基石；關係行銷所著重的是經由信任與承諾來獲取顧客的信賴與關係，沒有信任則商業無法有效推動。以下我們將針對顧客的信任與承諾加以舉例探討。

- 當信任與承諾因素同時出現時，產生的結果是提升效率與生產力，這樣的作用……將導致關係行銷的成功。

信任

有些餐廳的服務人員在點菜時，會及時告知顧客，可以先點幾道菜嚐嚐，如果分量不夠再加點，這種以顧客的角度思考的出發點容易博得顧客的信任；另外，有些醫生在看診時，為了幫助診斷的需要，如果發覺自己專科上的專業在判斷上仍有疑問，而能自行主動徵詢其他科別的專業時，處處為病患著想，相信病患對於醫生的信任程度也會提高，直接促進醫病關係與醫療成效。也有一些服飾店或是零售店的賣場未取得顧客的信賴，有時會提醒消費者折扣檔期快到了屆時來買更划算；這些都是博得顧客信賴常用的方法之一。

經營顧客對於企業的信任方案相當重要，信任不但是對交易的對象有信心，相信交易的對方也不會採取對自己不利的行動，而且雙方也願意採取可能具有風險的行動來表示信賴對方；信任的建立乃是源自於對方在執行能力、可靠度以及正直誠信等方面表現而決定。

承諾

對於顧客的承諾是企業最實在的表現，而且承諾是買賣雙方相互依賴關係的最高階段，顧客一般會依循過去關係經驗，同時也影響到未來面對新的狀況時的反應。例如，在服務行銷方面我們經常會看到某些企業對於消費者所進行的服務保證，例如防水保固十年、Pizze三十分鐘未送達免費、二十四小時完修服務、今日送件隔日送達、壓縮機保固二年、體貼入心更勝於家等等這些保證的服務方案，的確讓顧客放心大膽的消費，因為這些保證承諾降低不少顧客購買時的消費風險；國內某家量販店保證退貨的機制也相當令人佩服，當您拿著貨物到專屬退貨的櫃檯辦理退貨，您只需拿出您的發票或購物清單以及貨物說明退貨原因即可，其他不會多問；甚至有消費者購買食品打開包裝盒之後食用發現不合口味，都可以在有效退貨期間內辦理退貨，相當友善的保證服務方案。

企業在關係行銷的運用上，經常使用三大類的方案：

一、累積消費，加倍優惠

這是目前服務業經常性的促銷方案，例如便利商店的集點優惠活動、航空公司累積里程優惠方案、百貨公司推出買萬送千促銷活動、消費累積滿多少金額免繳年費以及每年消費多少金額者成為貴賓等等優惠活動，增加消費者轉換至其他商家的成本，並培養忠誠的顧客建立長期的顧客關係。

二、友善對待，用心關懷

服務人員或業務人員以親切友善的態度與顧客建立關係，或舉辦消費者聯誼活動，使得顧客對於企業的商品產生好感，讓顧客更願意接近企業或服務提供者，藉以建立長期的顧客關係。

三、等級差異，貴賓禮遇

顧客分成不同等級的區隔，以便提供差異化與客製化的服務內容；信用卡公司是此方案的愛用者，而銀行機構針對貴賓級理財投資客，給與專屬看盤下單的貴賓室、保險箱服務、理財規劃、專屬講座以及各項快速辦理的優惠窗口等等。

關係建立對企業而言相當重要，對於顧客來說也是如此，顧客和企業建立關係也可以從中獲得一些利益；消費者為了使個人獲得更好的服務，會願意和企業建立長期的關係；例如，販賣日常用品的商家或傢俱商而言，消費者和店員建立好的關係，將會得到最新的折扣資訊，或是高檔的產品即將出清可先獲得最好的購買機會，或是消費者面臨消費問題時，店員都能運用自己的權力協助處理，佳惠消費者本身。

由上述的說明可以理解與顧客關係的建立在於「信任」與「承諾」二個要素上，不僅如此「關係承諾」與「信任」對於服務甚至是行銷人員也會產生激勵性的作用。這對於服務接觸產業而言例如飯店業、零售業、汽車產業、房地產業、醫療產業與保險產業等都是重要關鍵的要素。

藉由上述的探討，我們將關係行銷發展為以下公式：（如圖4-1）

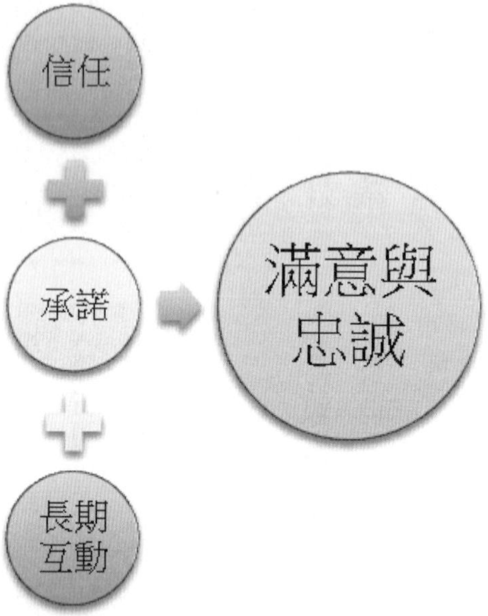

圖4-1：關係行銷的公式

感動服務問題討論便利貼：

1. 組織是否有設計顧客需求與服務過程相關資料建檔？
2. 組織為了提供感動服務，可供服務人員運用的資源有哪些？
3. 組織整體的工作氛圍如何？主管與員工相處是否融洽？

〔第三部〕

感動服務的商業層級

我直接問你，感動服務是什麼？他的商業價值層級何在？

感動服務的觀點：

- 提供完整而根本的服務
- 驚喜是服務的開場白
- 成本不是你說的，是顧客感受到的。
- 偉大的服務始於小處著眼

第五堂課 感動服務創造顧客忠誠度的演進

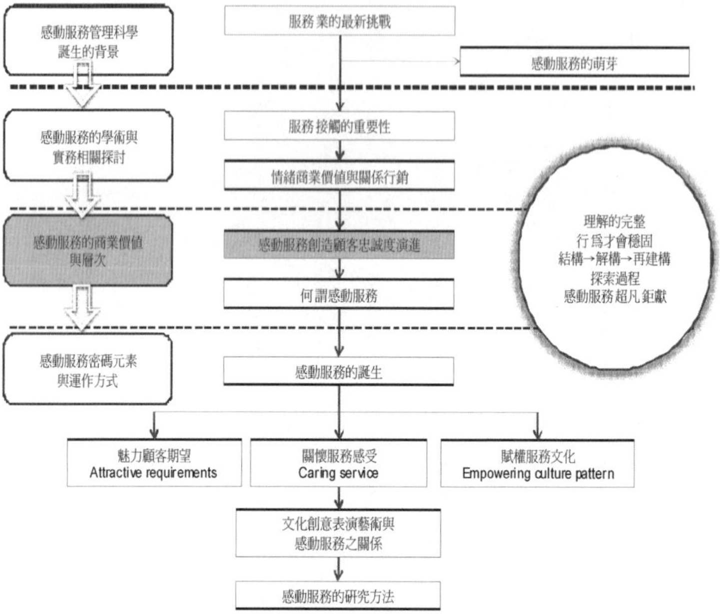

藝術就是感情。
如果沒有體積、比例、色彩的學問，沒有靈巧的手，
最強烈的感情也是癱瘓的。
最偉大的詩人，如果他在國外，不通其語言，
他能做甚麼呢？

—羅丹—

服務品質對於顧客而言，是信任的基礎；服務創造顧客正面情緒，讓消費變得更真實；服務創造顧客感動情緒，是顧客忠誠度的關鍵之鑰

企業的競爭由早期強調市場佔有率，演變到顧客佔有率；由具有卓越品質的商品與服務演變至具有感動的服務；由強調顧客滿意度，演變至顧客服務體驗的感動指數；根據研究指出，感動的程度越高顧客的忠誠度越高。

- **由強調顧客滿意度，演變至顧客服務體驗的感動指數；根據研究指出，感動的程度越高顧客的忠誠度越高。**

良好的品質可以彰顯企業的尊嚴，也是社會信任發展經濟的基礎，缺乏了這份信任，企業無法建立顧客關係，如第四堂課所述關係行銷是建立在信任與承諾上，論語說：「人而無信，不知其可也。」就是這個道理，一旦人際間沒有了信用，就無法發展進一步的關係；試想一個可能中途會當機的雲霄飛車您敢乘坐嗎？相信消費者沒有如此膽量；而一架飛航安全率達九成的航空公司班機，相信我們也不敢賭上性命；藥品的標示不明我們也應該不敢服用。在清朝末年有位大名鼎鼎的紅頂商人胡雪巖以「戒欺」的經營理念，成就了他不朽的商業王朝；因此，良好的品質僅是與顧客建立關係的基本門檻。

更進一步的要能創造顧客正面情緒的消費體驗，因為愉悅、快樂、新奇與喜愛等等的正面情

緒將讓當下的事物變得更加真實，尤其服務業更需要這份真實感；產品的屬性分成搜尋屬性、經驗屬性與信任屬性等，搜尋屬性的服務產品事前還可透過廣告宣傳的閱讀、試乘、試用、試穿或是試吃來分辨，所購買的產品是否符合所需；服務的產品如以經驗或信任的屬性，那就得依賴這份真實感，這是評估服務品質與顧客滿意的實質線索；因為，評估經驗屬性的服務產品必須實際經驗整個消費過程，才知道是否具有高度的價值，例如旅遊行程、美容SPA與看電影等等；因此消費經驗完成後的評價，那種真實感成為服務經驗回憶有形化的基礎。

- **創造顧客正面情緒的消費體驗，因為愉悅、快樂、新奇與喜愛等等的正面情緒將讓當下的事物變得更加真實，尤其服務業更需要這份真實感。**

關於顧客忠誠度最高的影響力，來自於服務過程中讓顧客產生感動的情緒，才是締造顧客忠誠度最佳的方案；丹尼爾．高曼的《社會智能》一書中提及，最主要的原因還是在於，感動的服務提供者讓消費者產生因同理心的體貼照顧萌生溫柔感受，會引發讓人精神為之一振的溫暖感覺；不僅如此，因感動的服務事蹟，消費者非常願意代為宣傳，而潛在消費者聽聞故事之後，也都會深受感動甚至震攝不已，就像個人也親歷現場般的感受，這就是心理學家所稱的振奮感（elevation）；日本這項研究指出，振奮感是具有傳染性的，在世界各國都有英勇救世的神話故事，這些故事傳頌過程中都會有令人振奮的感覺，對於社會發展相當具有益處。

但是，如上所述，既然感動服務對於顧客忠誠度與口碑傳播如此重要，是否顯示出品質與正面情緒就可輕忽呢？其實不然，這三者並非獨立發展，也非階段性重點，而是三者間是一種層次關係，就如同馬斯洛的心理學五大層級一樣，是必須先滿足基本的個人需求再逐步往社會性需求發展；以下圖方式呈現：（圖5-1）

舉例而言，有一回我入住某家五星級旅館，看到同仁胸前佩掛微笑標章，顯示出該飯店正在推動微笑活動；我時常詢問學員，企業推動微笑運動，而員工微笑最燦爛展現在何處？我得到答案不一而足，有人說是員工下班時、顧客結帳時、沒什麼顧客時、得到小費時（通常推動微笑運動的企業得到小費的機率是有限的），發言聲此起彼落，就是沒人答得對；我的經驗是，員工在說明微笑活動抽獎辦法，並邀請顧客記下微笑最燦爛的員工時，最為殷勤；現場的學員都心有同感。

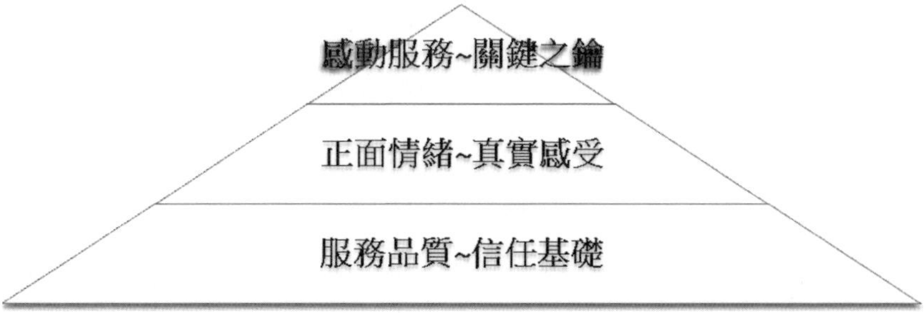

圖5-1：感動服務的三層級

緊接著，夜晚我卸下疲憊的身軀正準備面會周公，樓下竟然有狗的吠鳴聲，實在難以入眠；於是我前往櫃台請員工幫忙驅趕，這才讓我有安眠的機會。

以上的故事且讓我們細細推敲，企業推動微笑運動的主要目的是什麼呢？應該是藉由一個微笑引發另一個微笑，並展現服務的熱忱，同時引發顧客正面而美好的情緒！但是，假如睡眠品質不佳受到噪音的影響，再好的微笑都抵不過難熬的夜晚！

因此，我們認為住宿睡眠品質不佳，顧客消費的核心利益無法滿足，推動微笑運動引發顧客正面的消費情緒，應該起不了什麼作用！因此，如果睡得好加上提供顧客正面情緒的服務體驗，外加如家人般對待的感動服務；相信我應該會再度光臨該飯店，同時也會推薦其他朋友前往消費；因此，服務創造利潤的三大層級服務品質↓正面情緒↓感動服務的重要演變層級。接下來將依序說明三個層級各自的關係。

五─一 服務品質對於顧客而言，是信任基礎

試想，提供郵遞包裹的服務業者，服務態度再怎麼良好，都抵不過把顧客的物品延遲送達，更不用說遺失，此對顧客而言是無法彌補的損失；一個提供無法安眠的住宿經驗，即使再體貼的服務，顧客也是敬謝不銘；一個高檔奢華的商品零售通路，環境與商品再怎麼精良，也抵不過商

品的瑕疵、服務人員態度不佳與服裝儀容不整，或是對產品不熟悉；超級市場環境規畫完善，但所購商品過期發霉，顧客也是難以忍受；由上述的例子不難發現，假如沒有精良的服務品質當基礎顧客是不會買單。既然品質是基本的門檻可見它的重要性是不容小覷。

服務品質可說是消費者從接觸服務開始，歷經參與服務、體驗服務的過程，到服務結束的一種實際認知，也就是顧客的感受，是滿意度最重要的部分；假如產品性能極佳但是服務顧客的過程中，讓顧客產生不好的感受，整體的滿意度認知也就不高。因此，服務提供者要能掌握服務接觸過程中，顧客偵測品質的線索有哪些，以這些角度來思考，方能事半功倍創造顧客較佳的滿意度。

顧客期望是消費前的第一步，顧客對於任何滿足需求的服務，都有一定程度的期望值；來源可能是受傳頌口碑、個人的消費需求、過去的消費經驗等的影響。當服務品質高於消費者期望時，就會被消費者評定為高品質；當實際的服務品質相當於期望的服務品質時，消費者就會感到滿意；可是當服務品質低於期望時，消費者就會感到失望，甚至無法接受。

顧客的期望一直是服務業關切的議題，部分企業的管理階層所關注的是短期立即的營收，往往會認為顧客期待更多商品、更多優惠方案、更快速的服務或是更創新的服務；但是，顧客卻期望服務接觸過程中，有好的停車規畫、親切的服務人員、具有耐心且願意服務的人員，兩者出發點截然不同；企業管理階層所思考的，大部分是以條列式或結構面為主，而顧客期望的是一種情境式與流程式的思考；因此，在預期顧客的服務期待時，除考量結構面與條例式的服務規畫，更應進一步的演練顧客消費時的情境因素，方能做到周全的服務規畫。

管理者與消費者對於需求滿足期望的差異整理如（圖5-2）：

管理的科學的探討，如果管理對象無法衡量，績效就難以對準焦點；因此，我們將藉由PZB三位學者的研究，將服務品質的構面加以探討，並且以服務品質認知差距模式，來說明服務品質的形成，其中包含五大缺口可能是高品質服務的主要障礙。

我們藉由PZB（Parasuraman,Zeithaml,&Berry ,1988）等學者在研究了銀行、信用卡、電器維修、證券經紀商、長途電話等產業後，提出並發展出一套可有效衡量服務水準的量表，來介紹五大構面、二十二個題項以下表所示：（表5-1）

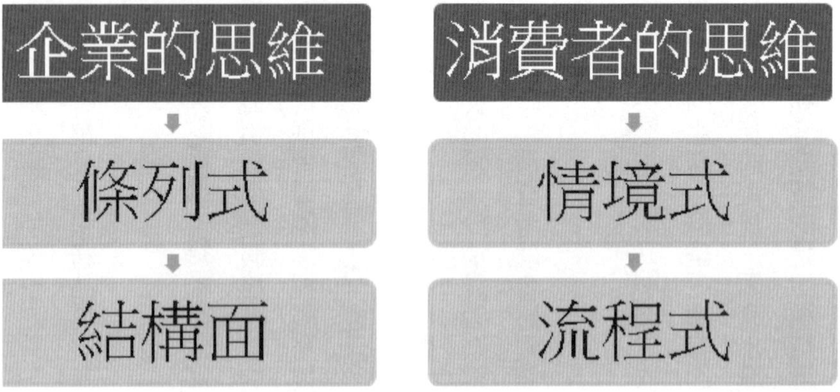

圖5-2：企業與消費者對於建構服務脈絡的思維。

有形性	實體設施、設備與服務人員的外貌	1. 有現代化的設備。 2. 實體設施具有吸引力。 3. 員工穿著外表整齊清潔。 4. 設施與所提供的服務必須相符。
可靠性	有可讓人信任與準確的執行服務的能力	5. 公司承諾顧客的事，會適時履行。 6. 當顧客有問題，公司能設身處地為顧客設想。 7. 公司應該是可靠的。 8. 對於承諾要提供的服務，都能及時完成。 9. 維持精確的紀錄或陳述。
回應性	願意幫助顧客，提供立即服務	10. 準確的告知顧客何時提供服務。 11. 可從員工那裡迅速得到服務。 12. 員工總是願意幫助顧客。 13. 受理服務需求的人員可迅速提供更好的服務。
保證性	員工的知識與禮貌，以及產生顧客信心與信任的能力	14. 員工是可以信任的。 15. 與員工接洽時有安全感。 16. 員工有禮貌。 17. 員工相互支援，能獲得公司的支持做好工作。
同理心	供給顧客好的照料與個人化服務	18. 顧客可期待服務人員給與不同的服務。 19. 員工提供顧客個別性的關心。 20. 員工可以瞭解顧客的需求為何。 21 服務人員將顧客客利益做為最優先考量。 22. 提供服務的時間符合顧客的需求。

表5-1：ＰＺＢ衡量服務水準量表。

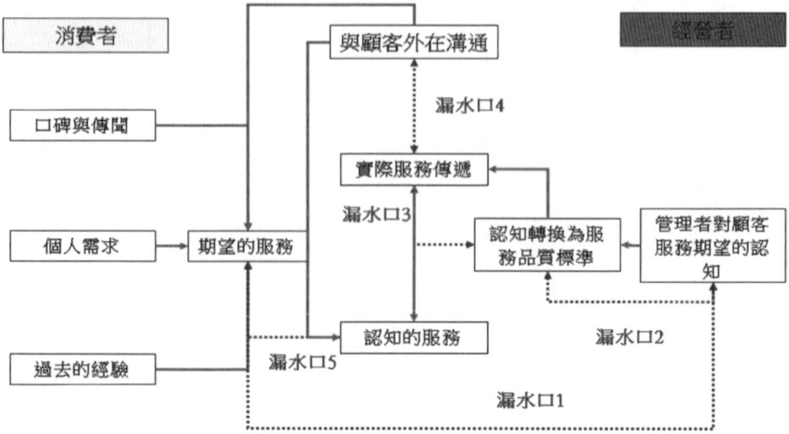

圖5-3 PIB模型的五大漏口

以上服務品質構面可供從事服務的企業參考，如何在服務傳遞的過程中，展現這五大服務構面是服務品質要項是重要明顯的線索。

而PZB服務品質模型，是在服務品質模式中最被廣泛採用且最具代表性的模型，他們認為顧客是經由比較其事前對服務期望以及事後對服務的知覺差距，來評定其對服務品質高低的認知。在PZB模型中提出了五個漏水口的服務品質認知差距模式，來說明服務品質的形成，這些漏水口可能是服務業企圖提供高品質服務給顧客的主要障礙（如圖5-3）。而服務業若要滿足顧客的對於服務品質上的需求，就必須盡力消除這五個漏水口。（表5-2）

表5－2服務品質的漏水口

項目	內容	探討要點
漏水口一	為顧客的期望與管理者所認知之間的缺口，將影響消費者對服務評價。	你的客人期望在您的企業當中獲得何種服務呢？
漏水口二	指管理者所認知的顧客期望與公司實際提供的服務品質所造成的缺口。	您的企業認為顧客希望得到何種服務水準與實際服務之間差距有多少？
漏水口三	實際提供的服務品質與實際服務傳遞的缺口，影響顧客認定的服務品質。	在您的企業之中，服務品質最常出現的問題，會是發生在那個部分？
漏水口四	實際服務傳遞與對顧客之外部溝通的缺口，將影響顧客認定的服務品質。	服務遞送與外部溝通間的差距？

較佳的服務品質僅是信任的基礎，服務品質佳顧客當然滿意，但是滿意的顧客一定會忠誠嗎？這是一個值得深思的問題，一位針對餐廳顧客的忠誠度研究指出，滿意顧客只有百分之二十七會忠誠，這是一項讓人警惕與深思的結論；為什麼會如此呢？根據作者的實務經驗，每一家管理精良的A級公司日常所投入的服務工作，對於服務品質的努力不遺餘力，每一家都能致力於顧客滿意，也因此顧客對於服務品質與服務滿意度，是消費基本意識，如同走路靠右，紅燈停綠燈行，購票要排隊這些都是社會大眾共同的語言，是集體的潛意識，是社會共同的規範，不須言語就有共識。

・滿意的顧客忠誠嗎？

但是沒有了品質社會秩序將發生混亂；例如某些店家廣告訴求「二九九吃到飽」但是餐廳所呈現的菜色不佳或是衛生不好；某些房仲業不慎讓購屋者買到凶宅；甚至網購筆電退貨時業者竟然調整新的費用，讓顧客權益受損；消費者購買飲料，卻發現飲料罐當中有飛蛾，相當噁心；公車司機過站未停；健康食品膠囊商品標示，內含人蔘、冬蟲夏草、靈芝檢驗之後卻沒發現有相關成份；團購網購買蛋黃酥卻苦守等不到交貨日；買車買到展示車等等。這些現象的發生會造成顧客的不信任感與憤怒，所以品質是顧客認知基本的服務價值，要博得顧客的信賴，致力於卓越的服務品質方案是一連串企業努力不懈的課題；因此，服務品質視顧客忠誠度的必要條件。

上述的服務品質管理對於服務提供者而言，都只是競賽會場上的參賽選手之一；如要有優異的成績表現，得要有極佳獨特的差異化能力才行。因此，提供讓顧客滿意的服務之外，更須著力於使顧客感到愉悅與快樂等的正面情緒。

五—二 服務創造顧客正面情緒，讓消費變得更真實

假如，我們沒有情緒的指引，我們的行為似乎無法決定哪些是重要的事情，而哪些事情是不重要的，哪些處境是要逃跑，哪些處境是要接近，如同飛行駕駛航向天際，卻沒有導航座標指引，要順利抵達目的地安全降落，真是天方夜譚不可能完成的任務；情緒作用無疑提供了服務業非常重要的參考素

材，創造顧客正面的情緒引發顧客持續和企業保持良好關係，是締造顧客忠誠度的充分條件。

正面情緒的引發對於服務業來說相當的重要，更大膽的假設，服務的提供者在服務的過程中引發顧客正面的情緒，是讓顧客喜歡持續接近我們的要件；一個餐飲服務提供者在不經意的時候送錯菜給您，或是在零售店當中突然聽到巨大的撞擊聲響，亦或是在住宿的飯店聞到發霉的味道，或是銷售解說時前後不一，目光閃爍一副沒自信的樣子等等，都會造成顧客的負面體驗；當顧客一旦產生負面的情緒體驗之後，腦部情緒中樞激發賀爾蒙使身體處於警戒狀態，專注於負面情緒的體驗，隨時準備做逃離的反應。服務者與顧客互動具有正面情緒時，能對於顧客推薦與再購意願是有幫助的。因此，顧客的正面情緒是促成顧客忠誠度的重要指標。

請每位員工照照鏡子，好好看看自己如何服務顧客，是最好的自我省思。在服務價值的傳遞過程中，服務原則的訂定與實踐，將誘發顧客正面的情緒，同時也應當特別注意，造成顧客負面情緒的服務禁忌必須掌握，方能以最有效率的方式創造顧客正面情緒。

有時服務提供者會不自覺的產生不良的服務行為，因為以前這樣都沒問題，久經時日習慣後也較難調整，根據心理學研究結果顯示，人類習慣環境狀態後，對於變化的感受，其敏感度僅剩百分之二十，但是顧客的敏感度卻是很高，不滿意的顧客不願反應，只是腳底抹油溜之大吉；作者以多年實務的經驗總結歸納出「九大優質服務信條」，與「十大服務禁忌信條」供讀者參考。（表5-3）

表5-3九大優質服務與十大服務禁忌的信條

九大優質服務信條	十大服務禁忌信條
•微笑是最具有魅力的表情	•服裝與儀容不整潔
•顧客是「他」不是「它」	•冷漠的態度對待顧客
•傾聽顧客聲音展現熱情	•以制度規定服務顧客
•優雅的服務形塑優雅顧客	•不當的肢體語言
•良好的社交與溝通的品質	•解說時使用負面的詞彙
•與顧客建立最佳信賴關係	•產品不熟悉不懂裝懂
•感官氛圍創造優質的服務	•讓顧客等太久
•員工都是款待顧客的主人	•沒有平等對待每位客人
•真誠的服務將促進銷售力	•賣弄專業與顧客爭辯
	•產品過期貨品質不佳

藉由服務的規劃誘發正面情緒的探討非常重要。有學者研究以體驗經濟（experience economy）為基礎，將情緒價值（emotional value）界定為：「當顧客正面接受企業組織的產品和服務時，所得到的經濟價值或金錢價值的感覺」（Barlow and Maul, 2000）。因此，情緒價值在服務實務中，正面的情緒感覺，將決定顧客是否願意再度光臨，所以這樣的情緒價值能夠與商業價值進行轉換。

有相關學者的研究指出，不同等級的旅館，其客人的忠誠情緒（loyalty emotions）也不盡相同，而同一等級的飯店，忠誠情緒的前三者影響品牌忠誠達20～30%；以高級飯店為例，客人願意付一四・三五美元在可以體驗忠誠情緒的飯店，卻只願意付七・〇一美元在不能提供忠誠情緒的飯店（Barsky and Nash,2002），所以，願意支付的落差就是服務業創造情緒價值所帶來的利益。

這樣的結果不難發現，讓顧客有正面情緒的體驗具有商業性的價值；感動情緒對於高度服務接觸過程中，誘發正面情緒扮演著相當重要的角色，進一步提高商業性價值。接下來重頭戲感動服務登場，感動服務是顧客忠誠度重要的關鍵條件。

五－三 服務創造顧客感動情緒－關鍵之鑰

有人曾形容奧美廣告公司：「這是一匹千里馬，但是你必須練好騎術再來。」推動感動服務也有異曲同工之妙，假如沒能有效完成品質與引發顧客正面情緒的能力，那推動感動服務將困難重重。

顧客忠誠度的魔法存在嗎？假如真有魔法，那魔法就是感動服務；我經常詢問學員，企業經營各種資源的投入，在服務業中最重要的目的是什麼？大家所提出的無非是利潤、價值、產品、品牌形象與服務等等；事實上，在服務業的各種資源投入中包括地點、廣告設計、建築外觀、室內設計、裝飾美學、設施與設備、器皿與服務人員等等，投入如此多的資源，最終究是要帶給顧客深刻觸動人心的印象，即是永久的回憶（Forever Memories）。

• 在服務業的各種資源投入……等，終究是要帶給顧客深刻觸動人心的印象。

深刻印象，是顧客再次消費的重要啟動的樞紐，也是影響潛在顧客消費意願最重要的傳播媒介；因為，當顧客需要進行消費時，會徵詢朋友、同事與家人的意見，假如服務提供者帶給顧客的經驗是美好的，就會影響潛在購買者的動向；例如，醫學美容、美食餐廳、購屋、健康食品、旅遊、3C電器產品、旅館住宿以及電影等等，均會受口碑的宣傳內容所影響；但是，口碑宣傳如果沒有深刻而具觸動人心的服務故事，影響購買意願的張力不足，口碑宣傳的力道也就不強；所以提供具體而微觸動人心的服務故事，是傳播美好消費體驗一項重要的條件。

《透視記憶》作者史奎爾與肯戴爾指出，根據大腦神經科學的研究，許多人在一生中都會有一種稱之為「閃光燈式記憶（flashbulb memory）的經驗。所謂閃光燈記憶是生動、詳細的記憶內容，可以保留很久的某種情境記憶」。請回想一下您十八歲時的生日派對情境、初戀的約會地點、求婚時的情境、第一個寶寶滿月時的慶祝活動、結婚週年紀念日、第一次出國搭乘飛機的感覺時，您會輕而易舉的回憶起自己身在何處、做些什麼事與當時的場景，這些記憶讓你歷久不忘。

有些證據指出，我們對自己個人的驚奇、出人意料之外的事情也有很好的記憶；當我們看完電影之後，過一些時日，只要看到海報或是相關符號，很容易回憶起電影的相關情節，例如，鐵達尼號、不可能的任務、〇〇七、慾望城市等等，記憶相當深刻。這些記憶內容細節不一定正確，但是大腦可以強化情緒強烈事件的長期記憶。因此，運用強烈的正面情緒如感動情緒，對於個體而言，在顧客接觸服務情境的當下，同時連結服務提供者的企業品牌，如此顧客能將轉化為長久美好而深刻的印象，這不就是企業投入各種資源所欲達成的目的嗎！

例如，有家飯店在二個月之內收到約五十封來自不同客人的讚賞信函，陳述對於凱莉服務的讚賞，其中的一個故事主角是一對中年夫婦；客人得知該飯店客房設有立體五・一聲道的音響以及六組喇叭，同時規劃完備的科技化客房設施，因此，想來體驗一下；凱莉在五分鐘之內幫客人完成必要的手續，並引導客人進入房間介紹設施並試播音響設備，客人想說：「現在如果有巴哈的音樂那該有多好！」這時，凱莉卻以輕鬆的口吻回應：「請您放心三十分鐘之後，您的房間就會響起巴哈的音樂。」

沒想到，已下班的凱莉立即交代咖啡廳，幫忙送二杯飲料到客人的房間，同時以戰鬥的速度飛奔回家，翻出她的巴哈音樂，立即回到飯店，將CD立即轉交給這對夫婦，並附上祝福的信函。當客人還喝著凱莉所招待的飲料同時，房內也順利響起美妙動聽的巴哈音樂。這對夫婦對凱莉的服務相當的感動，這也就是她密集獲得顧客讚賞的其中一則小故事。

這樣服務的熱忱實在難以想像，如此訓練有素的員工，加上願意為顧客提供額外具有價值的服務，讓顧客感到不虛此行。

另外一個感動服務故事來自汽車保修廠；故事源自NISSAN裕隆汽車的保修廠，這只是眾多感動服務故事其中的一則；（本則故事除人名以代號相稱外，其餘皆尊重原始顧客的感謝信表達內容）。

這是過年前一星期的事了！那天傍晚接了女兒放學回家途中，車子突然熄火無法啟動。第一個反應就是打電話向保養廠求救，想當然爾，員工應該皆已下班，不過還是賭賭看，打給平日接待我們的專員A先生，電話接通了，而當時的他果然已下班且正在回家途中，就當我與女兒兩人在路旁不知所措的時候，他——也就是A先生，特意從龜山折返回武陵高中，幫忙接電後，請我們立刻前往保養廠。就當我的車開進保養廠，A先生的車也到廠了，我好驚訝，上前詢問，他才露出很靦腆的笑容說，車子狀況不是很穩，他不放心所以悄悄跟車。就當他跟同事交代注意事項時，我也準備搭公車回家，這時的他又很主動詢問住所，得知是桃園縣政府與他回家往龜山的路是同方向，於是邀約共乘，就這樣我又省了自行搭車的困擾。在這要再三跟A先生說感激。

顧客發生了汽車拋錨的窘境，同仁在下班回家的途中接獲顧客服務的需求，真是天人交戰，換下制服離開崗位，下班理應卸下職責，只有NISSAN裕隆汽車的保修服務能做到如此的不分晝夜，不分時段隨時待命提供服務，這真是汽車的專業管家般的服務。

藉由上述兩個案例的說明，假如您是顧客當事者，相信感激之情溢於言表，不知您的感動指數是多少呢？假設是九〇分，接著請問，您是否會將這樣的故事向朋友宣傳呢？相信應該會吧！接著再請問您，下次您有同樣的服務需求時，您會再給這家企業服務的機會嗎？或是，您是聽聞這服務故事的聽眾，如有相關服務需求，會不會參考這些企業呢？相信答案應該也是肯定的。因此，創造顧客感動情緒的服務，是顧客忠誠關鍵之鑰，這也就是感動服務所發揮的功效。

- 創造顧客感動服務的情緒，是顧客忠誠關鍵之鑰，這也就是感動服務所發揮的功效。

感動服務問題討論便利貼

1. 在組織當中，每個單位同仁都知道關鍵時刻的重要性嗎？
2. 我們想經營的關鍵時刻，在服務流程中鎖定何處？
3. 所有同仁都知道關鍵時刻的焦點，應擺在哪裏嗎？

第六堂課　何謂感動服務？

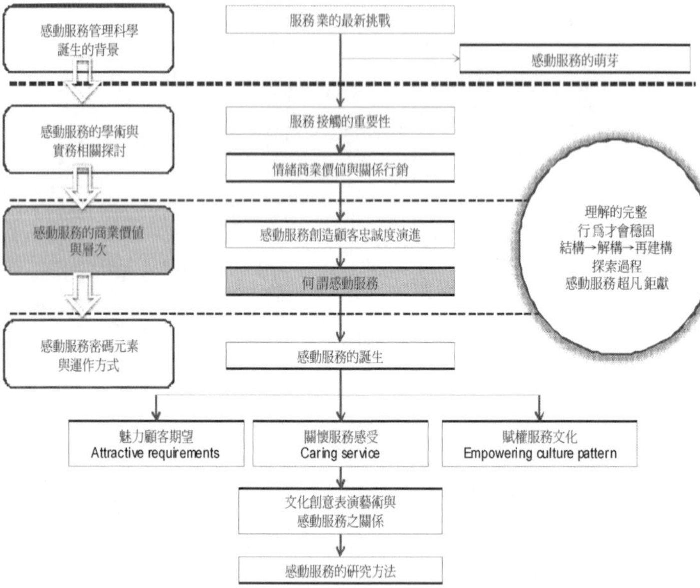

莫札特從來就不是在作曲，只是將靈魂深處寫好的樂章抄出來罷了。

馬克·夏卡爾（MarcGhagall）

文化就是身體

— 鈴木忠 —

感動服務的定義：

運用服務智能創造顧客在服務接觸的過程中，

激發觸動人心情感元素，創造顧客關係緊密的一種表現。

有部分的專家或是學者對於感動服務的定義與運用範圍，有過度廣泛的解釋，往往只提到感動而忽略服務的組合，例如，有些人談感動服務會提到求職、孝順、勵志、藝術或是工作態度與價值觀等，這些範圍所發生的各種事件而形成的故事，或許都包含了感動的情緒，讓人聽或看了這些故事的傳頌之後，產生了一種觸動人心的情緒洗滌心靈的負擔，彷彿是嚮往已久的人性典範，是自己行為與思想重要目標。

雖然這些領域都是感動心境的範疇，但是，在感動後面加上服務，可見其意義一定是落在特定的範圍之內，也就是服務傳遞的過程中，服務提供者與顧客間，互動行為的影響引發顧客產生感動情緒而言。

我們可能以為感動服務主要運作的對象在於B2C（企業對顧客端）的產業當中；不過也有B2B（企業端對企業端）的產業朋友告訴我，其實B2B的產業更需要感動服務，因為，製造商與上下游供應商以及客戶之間的互動關係，更顯得重要，因為客戶的一份訂單，可能就是企業存續的關鍵，而供應商的關係更是重要，因為價值鏈的建立，需要眾多廠商的通力合作，才能成就最佳的品質使顧客高度的滿意以維護緊密的關係，建立業界的品牌地位。

先給讀者打支預防針服用定心丸，不然您還以為接下來的篇章是《國語文辭典》；本堂課說文解字的情況頗多，作者如此繁複贅述，主要是為了避免探討上的混淆，畢竟一個新的管理領域誕生，有諸多的概念必須加以解釋，才能串成一個完整的系統，讓學術與實務界在運用時更能立即上手。

在B2C與B2B的產業當中，企業是根據客戶或是顧客的需求而存在，但我們容易將這二種概念混淆，所以先將「顧客」與「客戶」的內涵說明解釋，在進行感動服務與B2C與B2B產業之間的探討，比較能夠清晰與明瞭。

顧客：例如餐飲旅館業、零售連鎖產業、交通運輸旅客等等，通常在企業的交易對象當中較不具名稱，企業提供一組較大市場區隔例如雙薪家庭、銀髮族、嬰幼兒、上班族、結婚喜宴或是所謂的肥胖族群等等，這些市場區隔滿足服務的內容，可由企業任何一名員工來提供服務。針對顧客的行銷手法著重於行銷活動的運作，同時必須規畫維持與促進顧客關係的方案，以便促使顧客進行持續性的消費與購買，而服務的腳本通常使用固定的劇本來服務顧客，企業希望做到任何一名的員工都能以相同的標準提供相同的服務價值。

為了更促進更好的顧客關係與服務品質，部分企業界開始強調量身訂做的服務，注重稱呼顧客姓氏、提供額外的服務等等；我們的顧客仍舊是一個有情感有選擇性的個體，為了與顧客建立關係，產業當中加強「關係導向」而非僅止於「交易導向」的行銷（請參考第四堂課）。

客戶：有名稱上的意義例如統一企業、鴻海集團、台積電或是客戶委託專案等等，是有具體指出的服務對象；而服務的提供則由企業某位特定的專業人員或是專案小組來提供服務。行銷的手法是專業、權威與信賴。例如國際知名的奧美廣告公司或是IBM管理顧問諮詢公司等等，承接客戶的委託案之後，成立專案小組針對客戶的需求與面對的問題，提出專業與創新的解決方案，這些都是客戶屬性的特徵。

B2B不似B2C的產業一樣面對眾多顧客，交易的頻繁度也比B2C低，如果要面對顧客做好服務，在感動服務探討的領域當中，是更容易做到的，因為專注單一客戶關係的建立更能聚焦；相對B2C產業的顧客可能就是購買者、出資者與使用者等，因此感性消費的成份佔較多的因素，而B2B是行銷所稱的工業或是組織市場，下訂單者並非使用者或是出資者，通常比較理性，這些採購或是資材人員大部分受過高度專業化訓練，採購的影響者通常具有顯性和隱性的身分，比較難以掌握，所以在顧客關係的建立上更加複雜，但是在服務接觸的過程中是比較有間歇性時間的交易步驟，企業主可以運用這間歇性時間細心策畫感動服務措施，相信建立顧客關係是比較容易運作。

因此，B2B的購買者通常稱之為「客戶」，而B2C則稱之為「顧客」，如此說明讀者應能明瞭其中差異，但無論如何這兩種類別，必須與購買者進行服務接觸，而接觸即是人與人之間情感的交流，是服務價值展現的關鍵時刻，是信賴感建立的基石，因此這正是感動服務登場的時刻。本書藉由複雜而互動性強的B2C產業切入探討，進一步了解感動服務的運作機制。

根據教育部《國語辭典》對於「感動」一詞所下的定義為：情緒因受外界刺激而有所震撼、激盪。因此，「感動」為人類心靈對該外來事物引起共鳴、或衝擊所引起的一種心理情緒上的反映。藉由上述的定義可以歸納出三個要素可供深入探討；首先，以「同理心以及利他行為」來解釋社會互動人際之間的關係；其次是引起感動情緒的「事件情境（外來事物）的有效性」，最後討論的是事件情境引起「共奮感（共鳴）」產生的感動情緒。

以上的解析我以一張圖來進行說明：（圖6-1）

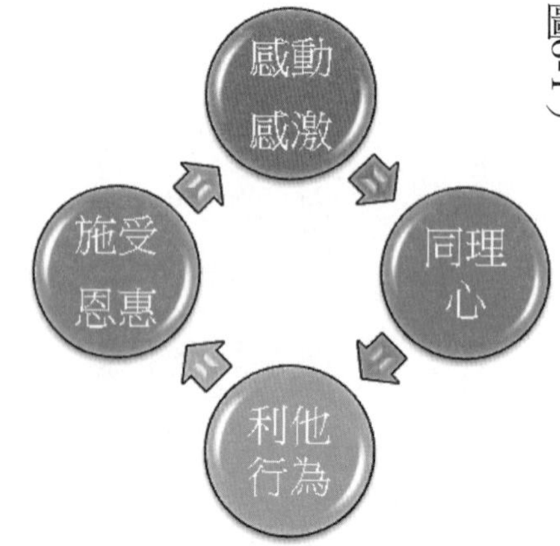

圖6-1：引發感動情緒的路徑。

首先，探討同理心以及利他行為；早在一百多年前，查爾斯・達爾文（Charles Darwin）就指出，在同情行動之前出現的同理心，是大自然一種強而有力的生存工具，同理心（empathy）一詞源出於德文的「Einfühlung」，這個詞彙在一九〇九年進入英語世界，字面意義可以直譯為「感受進去」（feeling into）從內心模仿他人的感受。因此同理心具有知道他人的感受、體會他人的感受及同情的回應他人的困難處境。因此同理心具有其先後的順序亦即我注意到你、我與你感同身受、我以行動幫助你。

根據上述的說明大致上我們將同理心以三大步驟來進行歸納。（圖6-2）

圖6-2：同理心的三大步驟。

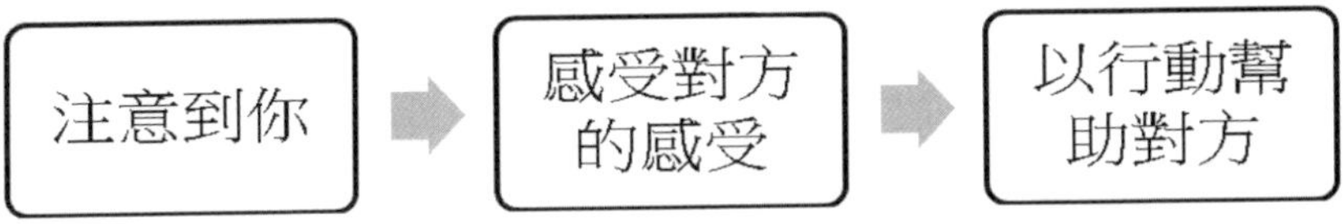

首先，是注意到需要受到同理心的對象，當同理心啟動之後，緊接著助人的行動立即登場，具體展現就是心理學所稱的「利他行為（altruistic）」。心理學界經常使用「好撒瑪利亞人（Good Samaritan）」的情境來進行研究人類的利他行為，並發現具有同理心的人在看到他人身處困境的人時，願意停下來幫助他人的人，大都表示當他們看到他人受苦時，自己也會難過，並且產生一種同理心的溫柔感受。藉由上述說明，我們將以心理學中同理心與利他行為出發，來解釋引發感動的邏輯觀點。

其次，事件情境是指對誰而言有效益的事件情境；我們以感動服務領域為出發點，代表著有所謂的服務者（施者）與接受服務者（受者）；然而對於接受服務者觀點而言，個體本身在消費時經常會產生獨特的需求，或偶爾深陷困境的情境當中，當施者願意超越本身職責額外提供服務時（此種服務暫訂為「恩惠」一詞），受者通常會出現感激以及深受感動的情緒，感謝某些利他的「恩惠」，此項「恩惠」可以是物質方面、資訊方面或是情緒方面（Richard, 1994）。

例如，我在上海世博的展覽會場在排隊的過程中，也能體會到服務人員積極的提供等待的資訊，也能輕易的感動顧客；這是日本館的案例，我和朋友看著日本館排列隊伍長長的人龍，不知何時才能一睹傳說中的日本館；想當然爾排隊的人潮絡繹不絕持續湧入，於是我們決定進入排隊的行列；迎面而來的接待人員，帶著燦爛的微笑歡迎我們的到來，並先告知我們需等待三個半小時方得進入參觀，我們表示願意排隊，服務人員立刻提醒，排隊的過程中如需洗手間，往前方五十公尺右轉即是，於是乎我們開始了漫長的等待。

我們已經習慣，當我們選擇排隊後，服務人員會將我們晾在那裏，待我們進入館內，才開始引導與服務；沒想到當我們等待約三十分鐘之後，服務人員隨即說明預估需等待的時間、參觀所需的時間、內部四大場景的設計等，緊接著每隔三十分鐘，就有服務人員說明相關資訊，包括每個場次進入五百人次，參觀的規定不得拍照或攝影，綠色通道如何進入，引導人員在每個轉角都有人員協助指引。

到了入館前服務人員拉高聲調，以熱情的問候語向大家表示歡迎之意，這時所有的遊客打起精神準備迎接體驗高水準的日本館；當下的我感受到排隊也能接受如此的款待，不似其他國家的場館，排隊等待是遊客自己的選擇，服務進館才開始；這真正讓我體會到連資訊的提供也能輕易的讓顧客感動。

最後探討的是共奮感（共鳴），當事件情境「施者」與「受者」的發生過程由敘事轉變為故事，這些故事藉由口碑傳頌，當人群間接聽聞事件情境的故事時，會產生如心理學研究所稱的共奮感（elevation），也就是形容目擊他人善行而產生的溫暖：當人們看到充滿勇氣、寬容或同情心的自發性行為，都會深受感動，甚至震撼不已。心理學家推測，人們聆聽一個生動的善行故事時，感受到的情緒衝擊不在親眼目睹善行之下。因此，事件情境故事本身，「施者」與「受者」要有效及善意地完成是不容易的，感激與感動的情緒取決於「施者」給與恩惠的方式，以及「受者」如何評價這份恩惠。（閻紀宇，二〇〇七）

關於服務在學術上的定義，有學者提出：「服務是由一方對另一方提供的行為表現或績效。雖然整個過程關係到實體產品，但其表現的本質基本上是無形的，一般不會導致任何生產因素的所有權問題。」但是，這裏我重新給與服務一個更貼切的定義，那就是：「服務，是一種創造他人正面心境能力的過程。」這樣的定義呼應了前面堂課所討論的要點。

‧服務，是一種創造他人正面心境能力的過程。

我們將上述的感動與服務加以結合，建構出感動服務的定義：「運用服務智能創造顧客在服務接觸的過程中，激發觸動人心的情感元素，創造顧客關係緊密的一種表現。」

相信各位應該和我有所同感。聽起來似乎有些道理，但緊接著我們會問，為何會要賦予感動服務定義呢？到底此定義說了什麼？它的意義與價值為何？我想這是大家共有的疑惑，畢竟一個新的觀念出現之後，百家爭鳴不一而足，假如我們無法針對一個模糊的概念先加以澄清，那麼接下來的探討方向就會到處亂竄，誤把模糊當具體，越探討越困擾，找不到點亮清晰的一盞明燈。

在上述的定義上談到幾個關鍵字，「服務智能」、「服務接觸」、「感動情緒」與「顧客關係」等的關鍵字；此部份僅以討論「服務智能」內涵，其餘部分已在上述其他章節已有論述前往參考即可。

「服務智能」，我們以參考丹尼爾‧高曼所著《共融的社會智能》中藉由社會智能的探討延伸服務智能的意義；在該書中論及社會智能提出二個概念，「社會覺察」與「社會能力」而「社會覺察」指的是：「從當下感知他人的內心世界、理解對方的感受與思想，到「掌握」複雜的社會情境，都是所謂的社會覺察。」因此能夠與他人感同身受、虛心傾聽、理解他人的思想、感受與意向。主要是能瞭解人際關係世界如何運作。

一則餐廳的案例，當我們進入酒吧的同時，帶位的服務人員，會運用幾個問題來測試顧客今天的心情指數，如果客人今天愛理不理的，可見他今天的心情指數應該不高，這時酒吧的所有同仁會將精力多花在這些顧客身上，希望在顧客離開前，心情指數都會達到一定的程度，以1～10分來評分，如果客人的心情指數在5左右，這時服務人員以及廚師或是吧台人員在服務態度、料理或調飲料時，就會「加料」以討客人歡心，所以每位客人進到酒吧都會帶著8分以上的好心情離開餐廳。這是一個以感同身受為主要的服務政策措施，考驗著服務人員社會覺察的相關能力。

其次「社會能力」，是能夠促成融洽而有效的人際互動。能正確解讀在非語言層面與他人融洽互動、適時適切的表現自我，形成社會良好互動的結果、主動關心他人的需求，並做出相應的行動。

一則為聲樂家打開飯店窗戶的故事，有一位國際級的歌劇天后來到台灣演唱，在進駐飯店的前一周，經紀人提出一項要求，為了保護她的嗓音，她所住的房間不要開冷氣，只要把窗戶打開即可，飯店收到這個訊息之後，如擎天般的霹靂；主要的原因有三：首先，飯店的窗戶大部分都是固定的，為的是避免房客發生意外或跳樓事件發生，第二，窗戶一打開怕外面的噪音影響她的睡眠，第三，我們給的房價很低，如果因為她破壞窗戶，那她離開台灣之後房間又要復原，這一來一往施工費用不打緊，施工期間前後將近有十天無法銷售，那損失可大了，畢竟這間客房相當強手。

為此飯店召開緊急會議研商對策，就在猶豫的同時，工程部的同仁卻說了一句驚天動地發人深省的話，他說：「能接待國際級的天后是我們的榮幸，我們為她開一扇窗，他卻為我們打開了靈魂，這點小麻煩算得了什麼呢？」他這一句話讓大家鴉雀無聲，一會兒大家卻一個一個的響起掌聲，拍手叫好，主席說：「來吧各位！讓我們為她做點什麼吧。」於是大家為了迎接她的到來著手進行各項準備工作。

低調的歌劇天后不希望張揚，因此當她抵達飯店時只有總經理和二位主管站在門口迎接，可是當她接過迎賓花束時，飯店的大廳響起她所熟悉的音樂，那是她曾經演唱的歌曲旋律；而在她抵達房間打開房門時，除窗戶打得開之外，她發現除了有她喜歡的玩具，房間又有鋼琴與小吧台供她練習和放鬆，桌上擺著她家鄉的報紙和台灣本地報導她即將來訪演出的新聞消息，同時還有全體員工為她準備的歡迎卡片，這時的她已經是非常的感動了。

當然她的演出相當成功，而她聽經紀人轉述飯店工程部的同仁的一番話之後，在表演結束離台前，特別邀請工程部同仁拍照留念，並送給這位同仁她的專輯，她說了一句讓同仁們都很感動的話：「這裡是我台灣的家。」大家響起感動的掌聲，終於畫下美好的句點。

綜合上述的討論，我們以此基礎進行推演，服務者個體之「服務智能」是能夠展現對顧客消費過程的前、中、後產生直接、間接以及未言明的需求之偵測，並以適切的服務專業技能與態度滿足顧客需求的一種能力。例如台灣國父蔣渭水的講演，總是會帶動一股民族正氣的氛圍，也因此他講演時常被日本警察嚴格監控。他曾於一九二二年在蘆洲講演後，被日本警察所唆使的流氓丟擲泥巴，豁達的他便將「泥巴印記」視為勳章，還特別請人拍照寫真存證。這種情緒控制與智能的表現正是最佳的寫照。

以飯店為例，酒吧經常播放世界杯運動比賽，所有的現場來賓一面喝著雞尾酒一面吃著燒烤料理，當自己支持的那一方得分時一陣歡騰，餐廳內瞬間充滿了興奮狂歡。

但是，當時餐廳內有一個聽障團體，他們的座位並無法看到比賽的螢幕，當然更聽不到比賽的狀況，只是靜靜地看著其他客人興奮的樣子。這時候，吧台人員發現到這種情況因此靈機一動，在白板寫下比賽的結果，繞著餐廳走一圈，其他客人並不瞭解吧台人員為何如此，當大家看到有一群客人因為看到白板的比賽成績之後，也雀躍不已的比手劃腳，開心地拍手鼓掌，其他客人才恍然大悟，也為餐廳人員如此窩心的舉動而感動，其中有幾位客人並且和工作人員握手致意。幾天後，餐廳收到一封感謝函，寫著：「感謝吧台員們隨機應變，傳達現場即時的消息。」這種臨場隨機應變的表現，並適切的滿足特定對象的需求，這就是服務智能的最佳表現。這樣的服務智能，是每一位服務人員必備的服務能力；這樣的說明，相信對於從事人力資源部門的主管、營業單位或客服部門的主管在進行教育訓練的設計上，應該有相當多的參考基礎。

服務接觸：「顧客與服務過程之間的互動，包括服務人員、實體設施及其它有形設施與告示等對象。」

感動情緒所述及的是：「為人類心靈對該外來事物引起共鳴、或衝擊所引起的一種心理情緒上的反映。」

顧客關係：「是透過組織提供的多重服務來吸引、維持與強化顧客關係。」

由上述的探討您會發現，感動服務是一門藝術，也是呈現人類社會智能最高的表現；經過這一番解構與重新建構之後，感動服務距科學化的目標近在咫尺；藉由關鍵字的說明，感動服務所展現的樣貌越來越清晰；我們再次強調，感動服務有其應用範圍的疆界，感動情緒的產生場域，是發生在商業的範疇之中，顧客與服務提供者互動的過程所產生的感動情緒。

企業朋友曾經問我，為何商業經營需要感動的服務呢？

他的質疑也曾使我感到疑惑，以一個投宿飯店的商務客人而言，親切的服務、清新的味道、舒適的床、到位的熱水就一名商務客而言，服務品質良好已然足夠，何需大費周章提供感動服務，有其研究與探討的必要嗎？或許他的觀點部分正確，在現今的企業經營環境中，生存或許沒有問題，但是請不要忘記，企業並非活動在真空狀態，競爭對手也一樣提供高品質的產品與服務，我們同時得面對喜新厭舊與變化多端的消費行為，更重要的是員工日積月累毫無新奇的服務模式，以及缺乏顧客回饋以信賴般的眼神，將會感到情緒疲乏，逐漸失去服務熱忱，一點一滴在切斷企業在顧客心目中的魅力關係。

知名導演大衛•林區在《大衛•林區談創意》書中形容：「創意跟魚是一樣的。如果你想捉小魚，留在淺水即可。但若想捉大魚，就得躍入深淵。深淵裏的魚更有力，也更純淨，碩大而抽象，且非常美麗。」廣告創意尚且如此，服務業行銷競爭態勢更具史詩般的張力；要擄獲大魚，得拋的更遠更深才有肥美的漁獲；越是觸動顧客心靈的服務，越能建立緊密的顧客關係，更能創造高績效超越競爭者；例如，進入便利商店燈光照亮商品，機械人般的問候，商品品質經過嚴格把關，商品擺設位置一眼望穿，這些都是顧客能夠預期的場景；有一回，如往常般匆匆進入商店，迎面而來的店員開頭第一句話問我：「先生您需要什麼服務呢，我可以幫您。」，「沒問題，我自己來就好了！」我說，當我選完商品點了杯咖啡之後，他告訴我：「先生，您要不要先在車上等，我為您做好咖啡，再送到車上給您，因為這路段警察經常快速開單，您還是先上車等，我立刻為您送上。」是她料事如神還是有讀心術，知道顧客此時趕時間，事前幫顧客設想好主動服務。經歷了這樣的過程，不知身為顧客的您感受如何？對我而言，我情願多繞一點路也會再度來這家便利商店消費，相信各位一定有此同感吧！

「感動」情緒可視為是一種正面情緒。人們在正面心情下會比其他中立心情、或負面心情對於事物持較正面的態度。在服務當中所產生的「感動」反應，被視為是一種具有深刻強度的正面情緒，對於顧客忠誠度的作用產生極大的效用；因此，我們將可合理說明，以利他的行為施予接受服務者額外的恩惠，讓受服務者產生感動或是感激的正面情緒，在商務的價值中將會產生顧客忠誠度的效應。

感動服務問題討論便利貼

1. 服務方式的設計，如何吸引並使得顧客感到有趣的方式進行？
2. 解說方式的設計，如何吸引並使得顧客感到有趣的方式進行？
3. 組織願意做到超人式的服務嗎？如果願意，您會希望做到甚麼程度？

〔第四部〕

感動服務密碼元素與運作方式

是什麼服務原因，讓顧客感動？掀開鍋蓋吧！

感動服務的觀點：

・溫暖的道別，是將顧客的心關在你這裡的關鍵。
・資源是感動的彈藥
・人人都是服務的馬蓋先
・解說是一帖最有服務價值的良藥
・需求的確認是服務的鑽石

第七堂課 服務特性與ACE感動服務的誕生

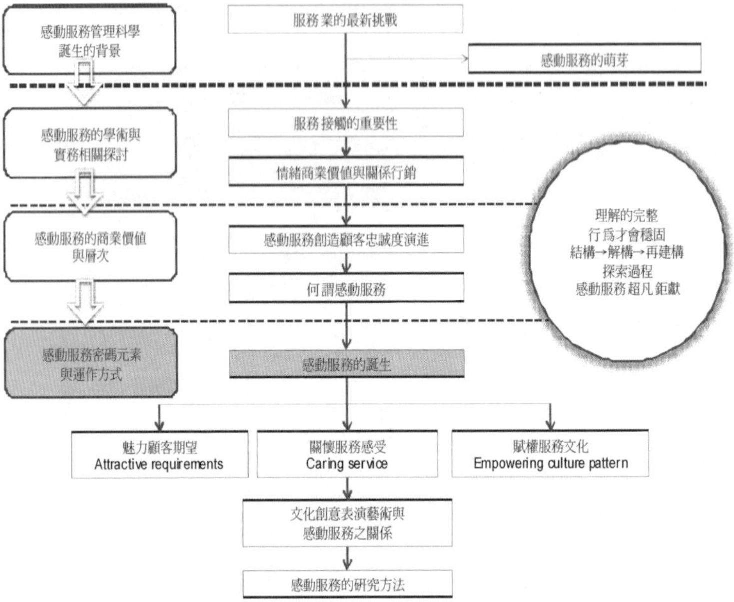

是企圖讓觀賞者融入演員的思考，
然後被捲進一種共同的氣氛中。

—鈴木忠志—

我在小時候已經畫得像大師拉斐爾一樣，
但是我卻花了一生的時間去學習，
如何像小孩子一樣作畫。

—巴布羅。畢卡索—

本堂課所要討論的重點在服務的本質、傳遞服務人員的三難、服務業的四種溝通語言、感動服務的因素、感動的元素形成的原因。

七—一 服務的本質

我們經常有一種判斷上的偏誤那就是「眼見為真」，而且一張圖勝過千言萬語，根據麥迪那（John Medina）所著由洪蘭博士所翻譯的《大腦當家》中提到，人類對於影象記憶的優勢真是了不起；很久以前的實驗就已經知道，人可以記得兩千五百張圖片，而且每張圖片只要看了十秒，好幾天以後仍然記得90％，一年之後還記得63％，以此推敲視覺學習的記憶勝過其他感官的能力；我們一直運用視覺當作學習與認識世界的一個媒介，如同看到實體商品會有真實感，也比較放心，品質好壞與價值如何立刻展現，相對於服務比較偏向無形，也必須使用諸多線索來彰顯服務與商品的價值。

服務業行銷學當中闡述服務的特性包括，顧客沒有所有權、服務無法儲存、價值的創造來自無形的元素、顧客可能涉入生產過程中、人是產品的一部分、投入與產出具高變異性、顧客評估的困難性、時間因素的重要性、不同的配銷通路等九大差異，對於經營者而言，一套屬於服務業管理的特性於焉誕生。

服務業為突破九大特性，進行相關服務本質的管理措施；服務業的本質就學術上的探討分成四個基本象限，所強調的重要特性皆不相同，以下圖表示：（圖7-1）

人的處理（people processing）是感動服務發揮主要的場域，其餘三個象限除了掌握其重要特性的管理方案之外，參考人的處理感動服務元素即能充分運用；因此，針對感動服務在人的處理領域當中進行探討其四大特性。

- **人的處理(people processing)是感動服務發揮最多的部分，其餘三個象限除了掌握其重要特性的管理方案之外，參考人的處理相關的感動服務元素即能充分運用。**

需求確認；商品販售品項不同，確認需求巧妙也各不相同；當我們進入理髮廳設計師第一個

圖7-1 服務的本質 (The Nature of Services)

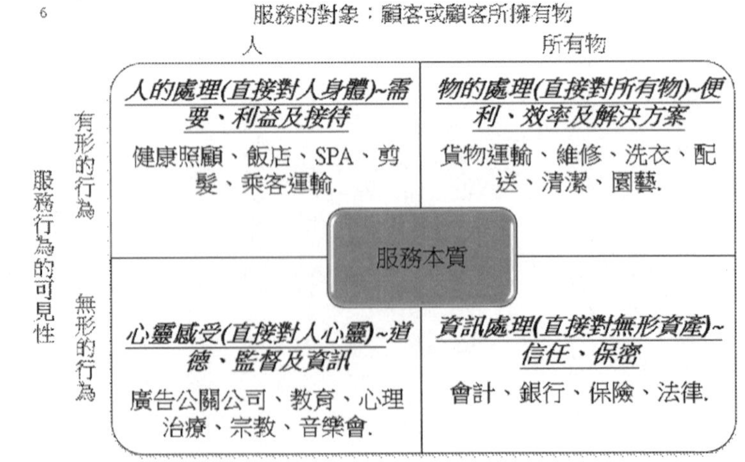

問題是：「請問您要剪什麼髮型？」先確認顧客的需求再進行髮型設計上的建議；房地產銷售首先也是需要確認顧客的需求，才能介紹適合的商品；用餐也必須確認顧客想吃什麼；購買汽車得要了解顧客的購車用途需求與預算，才能進一步推薦適合顧客的產品；購買服飾，也得確認顧客想添購哪類的服飾外套、上衣褲子，何種場合穿著與搭配等；但無論如何，明確的需求確認非常的重要；如果顧客需求了解不足，要達成感動服務的目的，可以說相當的困難。

消費利益：掌握顧客需求背後欲獲得的消費利益為何?例如，餐廳用餐是享受美食、慶祝留下美好的回憶並增進關係、應景體驗民俗節慶等等，這些都是顧客需求滿足背後的利益之一；另外，汽車是滿足交通運輸的需求，但是利益就各不相同，慰勞自己、彰顯成就、加入群體認同；購屋者本身希望購屋能達到獲利報酬、資產配置、生活舒適性、退休後的安居之所、孩童成長環境等等。

利益是針對顧客本身而言具有意義與價值；顧客在購買服務或商品時，經常未將利益說明清楚，如此模糊的狀態，須經由服務人員或是銷售人員運用銷售技巧以及服務能耐加以探勘。

消費利益通常也與品牌定位形成共生關係；例如汽車交通運輸是顧客的需求，購買何種品牌的汽車則是消費利益的滿足；飲食是顧客需求，能創造美好的用餐體驗也是消費利益滿足的重點；因此，企業品牌定位通常是直接訴諸顧客消費利益的核心。利益與需求是感動服務翅膀的雙翼缺一不可。

服務傳遞：當需求與利益正確解讀後，服務能否到位，還得仰賴傳遞服務的過程，所以傳遞過程是感動服務起飛重要的動力場域；以航空公司為例，起飛的時間與預訂到達的目地明確，一趟舒適的飛航計畫全部就緒，救生衣示範的橋段接著登場，無論空服員笑容多燦爛示範多精準細膩，觀看的乘客還是寥寥無幾看看報紙翻翻雜誌，渡過這千萬分之一才會用得到的救命工具示範服務；因此某些航空公司絞盡腦汁瞄準紅心展現創意，在單純到乏味的安全救生示範過程中，空服員以動感十足的音樂結合熱情如火的舞蹈動作，將逃生示範橋段活靈活現的演出驚豔四座，讓所有乘客在需求與利益都符合的情況下，透過服務傳遞的過程創造意想不到的驚奇，如此已經進入感動服務的大門了。

服務接觸：緊接著服務接觸感動登場，顧客與服務人員、環境氛圍、設施、器皿文宣和服務制度等等的服務性接觸，正是情感交流的開始，是一切價值體現傳遞的重要時刻（如圖7-2）；顧客需求確認錯誤，利益掌握不正確，傳遞過程乏味，但是總比不上糟糕的服務接觸；前面第三堂課已提及，十大顧客

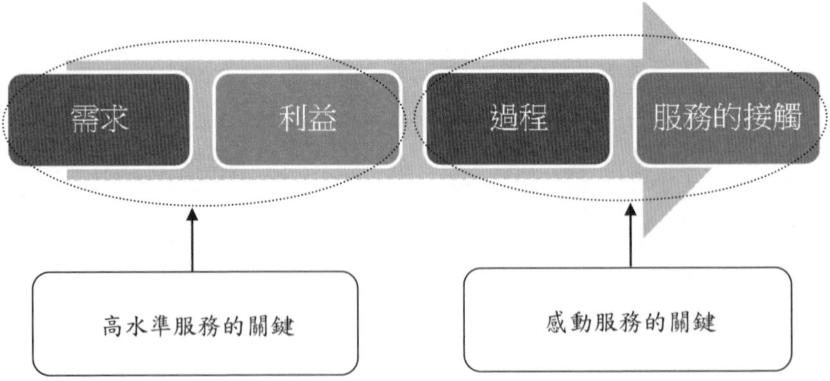

圖7-2：服務本質之人的處理四大特性。

抱怨的排行當中，冷漠列為首要，其中有七項是與服務接觸有關，服務接觸可說是造就感動服務重要的精髓，也是口碑與顧客忠誠績效的展現關鍵，不可不慎。

感動服務離不開表演服務，有句話說：「練死了，就演活了！」一家百貨公司的包裝員，其熟練的包裝技巧如同馬戲團般精采絕倫；一個指揮交通的警察，將乏味的指揮工作，轉換成如歌舞劇團般的舞力全開；計程車司機學習五星級飯店搭載客人時，為客人準備礦泉水等等；餐廳的主管像交響樂團指揮般，創造最佳用餐氛圍；飯店的房務人員為感冒的顧客，提供如媽媽般的照顧；醫院的醫生願意多關懷病人與病人多說兩句，為病人多方設想；一個汽車保修人員，為車主的安危設想周到，情願多付出也不願車主冒風險等等；這些都是服務接觸的表現場域，如同表演般具有藝術家的風範；因為服務是一種創作，是一種巧思，是一種人性最高的典範。

七—二 傳遞服務人員的三難？

在服務接觸的過程中，服務人員均能全心關注顧客的需求嗎？似乎有些理想化，根據Bowen &Schneider（一九八四）所提出的第一線服務人員通常具備三種身分，分別是「服務產品銷售」、「服務業務的經營」、「對顧客感受的服務」；這三種身分也是服務提供者倍感矛盾之處；因為，產品銷售與對顧客感受的服務經常相互衝突，既要服務又要銷售，在服務顧客的感受方面多半是同理心的作用，而商品銷售則是建議顧客增加購買、購買更高規格的服務，或搭配交叉商品銷售，對於服務人員來說是一種無形的壓力；但三種身分對於服務接觸而言，必須有權重與優先順序的分配，假如拿捏不當，容易使得由服務創造價值的目的性，受到質疑！

因此，我們將服務者的三種身分加以分析排列，對於服務創造價值的目的性，將有正面的幫助。

以三種角色來討論服務傳遞人員的難處，容易產生誤解，如果以排列順序來討論，就比較沒有矛盾現象；服務人員應以「對顧客感受的服務」揭開與顧客服務接觸的序幕；而「服務業務的經營」是要藉由關懷顧客感受，建立促進顧客美好的消費經驗，所規畫的管理方針；接下來，在服務過程中，偵測顧客延伸性需求，主動建議購買滿足需求的商品顧客感受較佳；因此這三者間並無違背，僅是順序排列的不同。

舉例而言，當我們購買土司時，延伸的需要應該是奶油或果醬，當客人購買土司時，建議購買奶油或果醬是絕妙的搭配，顧客應該比較能夠接受；例如，有回我到某連鎖藥局購買營養品為家父的身體補充營養素，當我進入店家時，藥劑師親切的詢問需要什麼服務可以幫我安排建議，當我說明完需求之後，藥劑師建議只需購買某些種類的產品即可，接著藥劑師提出建議，堂上父親上了年紀，應該可以補充其他的營養品對於健康更有輔助性的幫助；我們來進一步分析，在此過程中藥劑師如何做到照顧顧客的感受，同時延伸銷售產品，第一個建議是針對我購買的需求，另一個建議是藥劑師發覺的延伸性需求，這種主動偵測顧客延伸性需求的服務銷售，想當然爾我一併購買；回到家中遞上營養品，父親感受到的是貼心，接著我又奉上延伸為父親準備的養身產品，這時父親的感受是孝心。所以，服務人員的三個角色應該不衝突，而是如下圖（圖7-3）般的順序關係。

從事服務業的朋友經常討論一個話題，服務人員會盡可能偵測並呼應顧客的感受，但是對於「顧客永遠是對的」這句話有著不同的意見；作者也有此同感，「顧客永遠是對的」思考的方向是正確的，但是太過簡化容易引起誤解，從而過度誇張運用範圍，作者的重新組合詳細的註解：「在合理的消費情況下，顧客扮演正確消費者的角色，所提出的需求永遠是對的。」這樣的說明強調了合理的消費與正確的消費角色；服務業者偶爾會遇見極為難纏的顧客，例如破壞物品、不守規定者（例如不排隊、不配合團體社會規範者、飲酒過量等等）、性騷擾、偷竊者、情緒失控者、家庭失和者、利用媒體曝光事件，威脅服務提供者、以及有暴力傾向者等等，這些現象實在不易以「顧客永遠是對的」一概而論，成為服務的指引座右銘，這將為難服務人員的專業，因此作者列舉說明，供讀者參考。

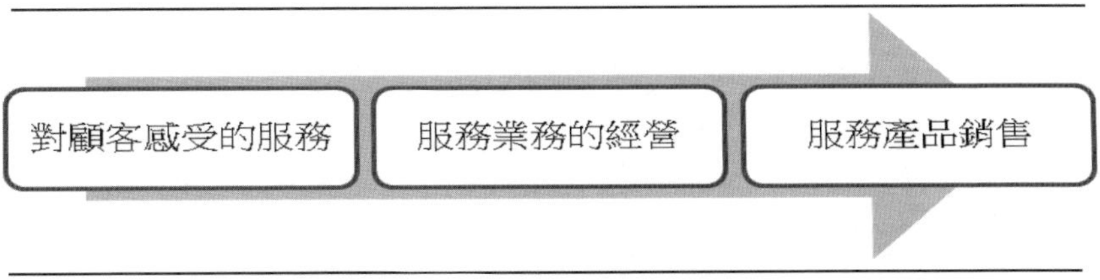

圖7-3：傳遞服務人員三種角色排序。

七—三　服務的四種溝通語言

在社會互動的人際關係中，我們常聽說一個人緣很好與人溝通無礙，經常被稱頌為「善解人意」；的確，溝通要能暢通善解人意是一門相當重要的課題，而善解是指：「能夠正確解讀對方傳達意思的關鍵意義，並往正向的意涵解讀。」人意則是雙方情意相通。善解人意合而觀之：「以善的方向了解溝通意圖，並拉近雙方關係的回應模式。」更容易達成美好的溝通經驗。如此，除了訊息正確解讀之外又能促進情感交流，這樣的好人緣一定是大家所喜愛的。

好的服務溝通如同皇冠上的珍珠，耀眼迷人；而在服務接觸的場域中所謂善解人意，則是指：「服務提供者能正確解讀顧客所提出的服務需求，同時能探索解讀弦外之音。」如同迪士尼樂園經過滿意度調查時發現，遊客最感到滿意的部分，是園區內清掃的工作人員，當遊客碰到任何問題他們都能提供正確的訊息，同時也能回答顧客沒問出來的問題，例如哪邊拍照最棒等等，這樣的服務溝通顧客當然會滿意。

不僅如此，善解人意運用在產品解說上，也扮演相當重要的角色。對於製造業而言，會議之中的語言經常是目標導向的，例如不良率降低、產能提升、交貨期與庫存等等相關，以明確的目的所進行的相關管理議題的溝通；相對於服務業而言，就比較沒那麼嚴肅，曾經有位製造業的朋友告訴我，您們服務業最不實際了，說話美妙動聽表情熱絡討好，到底事實如何就是另外一回事，例如賣汽車為何要和幸福扯上關係呢？是否應該強調汽車性能、保固範圍、續航力、省油能力、操控性與舒適性等這些功能性的價值，卻是強調不著邊際的價值性語言；賣房地產又為何與品味生活美學沾上邊？不如強調抗震、建材等級、建築保固、配件附贈與售後服務等的產品價值；而明明就是一盤菜，透過服務人員的解說，頓時產生如夢似幻天人合一般的美味。這是為什麼呢？

人類傳遞價值或訊息的溝通，簡單的分成四種語言，作者以傅佩榮教授所著的《哲學與人生》中的精采的資料篇章引用參考；**第一種稱之為直述性的語言**，是將所看到、聽到或是體驗到的實際狀況加以描述；例如，美國只佔全球5％的人口，卻消耗了全球25％的石化燃料；人類食一公斤的牛肉，牛隻則消耗二十五公斤的糧食；美國每天消耗二千萬桶石油，中國約六百萬桶，日本五百萬桶，美國有八成的石油仰賴進口；今天的天氣溫度幾度，現在幾點幾分等等運用直接描述法來溝通，但是這樣的溝通運用在日常生活中就顯得乏善可陳；不過在服務業的問候語句當中，敘述語句則相當重要；服務稱謂：稱呼對方姓氏或是公司寶號；服務確認：您所需求的服務是……或是您購買的是……，您預約的大名是……，這些服務語句是具有其針對性的，以便使得接受服務者感到被關注，以及更周到的服務，因此問候語、服務稱謂、服務確認等等，這些都需進行多樣性的設計，讓顧客感受到更有趣與更活潑的服務方式。

另一種語言就是顯得比較有趣，稱之為**比喻性語言**；述說之人引用著名的比喻往往使得聽話的人產生一種高貴的自我中心的樂趣。這是一種建立理解與志趣相同的樂趣，聽的人佩服引用者恰如其分的運用比喻，也佩服自己能夠適當的理解。比喻借重暗示和價值觀念的聯想，往往比不帶暗示的直接敘述法有效得多；這種語言的使用，經常運用在銷售解說與產品介紹方面等。例如，我們的國家需要一個偉大的舵手，母親像月亮，這張床稱之為天堂之床，我們的關係是如膠似漆般的緊密，文學的表達方式幾乎使用比喻性語言，時常成為人們日常溝通所引用的材料；而宗教是最擅長運用比喻表達價值與抽象的概念，例如釋迦牟尼佛說佛教徒要像蓮花一樣出淤泥而不染，並將人間的欲望比喻為「火宅」一樣的炙熱，真是精采而精準的比喻；直述性語言是離不開時空條件，一旦離開之後，所要表達的內容就會落空，而比喻性語言則可以傳得久遠。所以比喻性語言的效果遠超過敘述性語言。很多的服務業與銷售業務高手在比喻句的使用上，都有傑出而精采的表現。

第三種稱之為價值性語言；這是我們經常會使用的語句，是一種價值方面的判斷，例如真、善、美等這些都是價值判斷的語句，價值判斷離不開主體，也就是每個人所說出來的意涵皆不相同，這得視雙方的關係或互動情況而定，例如問候語：早安您好、情人節快樂、生日快樂、新年恭喜以及聖誕節快樂等等。企業在討論經營目標時，通常也是使用此類語言；例如，增加顧客滿意度、創造顧客價值、以顧客為依歸等等，此種泛泛的價值性目標所傳遞的語言通常是無法打動人心，或是形成行為的指引，所以可以試著運用價值性語言，結合比喻性語言來闡述與傳達，相信更具有說服性。

第四種語言稱之為恆真語言，也就是所謂的套套邏輯；例如說「你果然是你」，你這個人有基本的原則與個性，只有你能夠符合自己的要求。所以有些企業在進行企業變革改造時經常使用這樣的語言，例如GIANT WAY捷安特的經營之道等等。

在製造業的溝通上要求精準，因此使用比較多的敘述性語言；而企業管理階層則經常使用價值性語言與恆真語言，如果能夠搭配比喻性語言會更具有效果。服務業一般而言是一種情緒勞務的產業，是創造顧客正面情緒的產業，並且服務具有無形、易逝與無法儲存的特性，使用比喻的方法進行溝通，比較容易引發正面的情緒，並使得消費者離開消費的時空還能具體的回憶起消費的情境，所以比喻法是對抗服務產業特性的一種溝通方法；因此，並非服務業的表達語言不著邊際，主要的目的在使顧客離開消費情境時，能有效喚起當時的消費價值，方能使得口碑有效傳播。

也因此服務業重視行為基準與造夢能力，也唯有正面而具價值的傳播，才能使得生活能有向上提升的力量；相信藉由這樣的說明，我製造業的朋友評論服務業：「說話美妙動聽，表情熱絡討好。」更重要的是服務者也必須深具真誠的心意，這其實是服務業非常重要的溝通方法（引述《論語．學而篇》──子曰：「巧言令色，鮮矣仁。」）。

- **服務業重視行為基準與造夢能力是非常重要，也唯有正面而具價值的傳播才能使得生活能有向上提升的力量。**

七—四 感動服務因素的誕生

前面的篇幅為感動服務的內涵，在背景劇情上做了非常詳盡的演義，本書的壓箱寶重頭戲，感動服務劇情正式登場。

感動服務是一個統合的名稱或者是一個結果的感受，但是我們得要進一步了解，感動服務歸因於什麼因素才能使得顧客產生感動的情緒呢？我們先將感動服務因素藍圖攤開，請讀者先行過目，像是享用美味佳餚，得先把賞心悅目的菜單進行一次完整的過目與打量，緊接著我們將為讀者介紹每道菜的口味以及料理方式。

ACE三項感動因素十六項感動元素（圖7-4）

感動服務問題討論便利貼

1. 服務人員如何展現優質服務態度的非語言溝通？
2. 服務人員如何展現優質服務態度的語言溝通？
3. 各服務單位針對服務顧客滿意度，最重要的績效項目，請列舉三項？

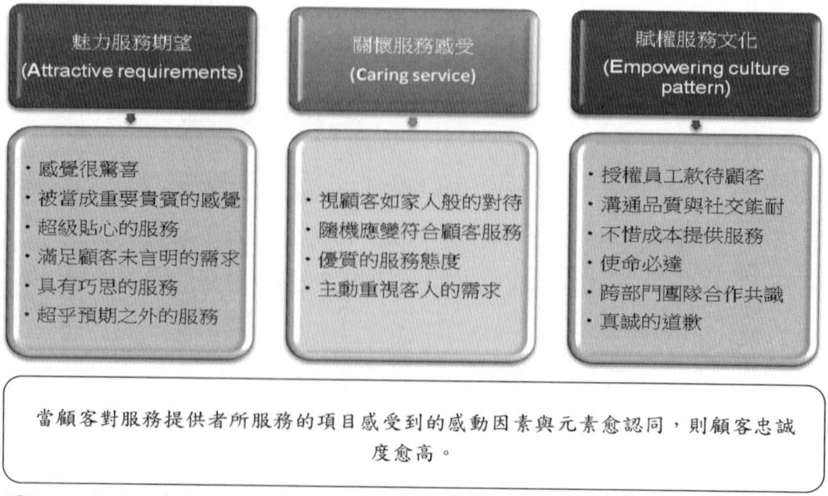
魅力服務期望 (Attractive requirements)
・感覺很驚喜
・被當成重要貴賓的感覺
・超級貼心的服務
・滿足顧客未言明的需求
・具有巧思的服務
・超乎預期之外的服務
關懷服務感受 (Caring service)
・視顧客如家人般的對待
・隨機應變符合顧客服務
・優質的服務態度
・主動重視客人的需求
賦權服務文化 (Empowering culture pattern)
・授權員工款待顧客
・溝通品質與社交能耐
・不惜成本提供服務
・使命必達
・跨部門團隊合作共識
・真誠的道歉
當顧客對服務提供者所服務的項目感受到的感動因素與元素愈認同，則顧客忠誠度愈高。

圖7-4：ACE感動服務元素。

專論：感動服務的前提「專注」與「關注」的差異

專注的越多　關注的越少

提供感動的服務，首先是關注顧客，但是關注顧客這個道理人人知曉，也能夠朗朗上口，但是，為何還是有些知名的企業或是訓練有素的服務提供者，時常不經意的造成服務缺失呢？就我個人的觀察，最重要的關鍵就是「管理制度主義」的盛行所致。

在充滿競爭的產業發展中，管理階層為了能快速回應顧客需求與競爭者的競爭行動，企業往往將服務顧客與交易的行為進行分類，進而從數據變成資訊，資訊變成知識，知識則轉變為管理決策，決策再轉變為可行的計畫，計畫轉化為行動；在這樣的管理循環當中，都是由各個階層的管理者扮演，也由於這樣的管理循環才能讓沒有接觸到顧客的管理者，將現象轉化為抽象的概念，以便掌握企業經營的全貌，這樣看似無懈可擊密不透風的手法，卻是埋下了造成服務失誤的種子，更嚴重一點就會造成一發不可收拾的顧客抱怨。

例如，有某家服務精良的知名品牌企業，單就服務管理的報表每週要填寫的就多達十幾張之譜，各單位主管為了要滿足老闆「管理制度至上，人文感受其次」的理念，每週都得填寫很多的報表，但是能保證顧客滿意度會比較高嗎？雖有其顯著的成果，但是造成的後遺症也不少，顯著的成果是主管的報表專挑互動好的顧客填寫，老闆以為一切太平，後遺症則是當顧客的不滿積壓到一定的程度，紙包不住火爆發出來一發不可收拾，還上了媒體頭版新聞，這樣的廣告版面效益極大，但是大家是避之唯恐不及。

上述的情況還是其中的一個案例，另有某家企業規模更是浩大，品牌形象更是偶像級，但是他們的顧客服務，單就接待工作竟設計了四十幾項的稽核要點，員工幾乎迷失在專注背誦動作的要領上，完全忘記顧客本身是具有獨特性以及需求的多樣性；該家企業的主管私下討論，為何我們設這麼多的稽核點，員工的微笑角度也都有規範，怎麼顧客反應還是有不滿的案例，到底要如何要求員工微笑，方法該如何進行？

我想問題就出在，規定的越多服務顧客就越僵化，這樣的員工表現是服從制度下的樣貌，和顧客情感的交流不足，但是良好的服務最重要的關鍵就在於情感的交流；管理者普遍認為無法衡量的事務就無法管理，也就無法控制。我記得愛因斯坦也曾提過：「能夠衡量出來的不一定重要，無法衡量的更重要。」我想連偉大的科學家都如此認為，我想應該不會偏離真理太遙遠吧！

我們進一步的討論，是否專注於管理上的制度或計畫，會使大部分員工發生較少關注顧客的獨特性與多元的需求呢？答案是肯定的，從人類的腦神經科學可以一窺究竟；我們都知道越是專心專注於某個特定的物體或活動，我們越不易覺察環境裡的其他事物和變化。為了研究這種稱為「變盲」（change blindness）或「選觀」（selective looking），哈佛大學心理學家西蒙斯（Daniel Simons）和察布理斯（Christopher Chabris）請一群受試者觀賞一部影片進行這項研究。

心理學家在一個酒吧的地點，邀請現場所有的青年男女參加實驗，現場大概有二十人左右！西蒙斯（以他做為代號）先向現場所有受試者說明這項實驗，邀請所有的受試者觀看螢幕上籃球員傳球的畫面，並請受試者觀看並計算穿著黃色球衣的球員傳球次數；當影片開始播放時，只見受試者展現銳利的眼神盯著籃球和穿黃色球衣的籃球員，嘴裡還念念有詞的算數，當然畫面傳球者除了穿黃色球衣的籃球員外，還有黑色球衣的球員在進行顏色的對照干擾。

影片大約是十五秒左右，影片播放完畢，西蒙斯準備二個問題請受試者回答；第一個問題，請問穿黃色球衣籃球員傳球的次數總共幾次？只見所有受試者很有自信的搶答，12、18、10、11、13……緊接著西蒙斯提出第二個問題，請問，在籃球員傳球的過程中，有沒有看到一隻黑色的猩猩，從畫面的中間走過，哪位朋友有看到？這時所有受試者面面相覷，沒人敢證實，大家開始懷疑怎麼可能呢？剛剛我很專注盯著畫面上的人物，並且很專注的注意傳球的數目，螢幕上任何變化我們應該都能掌握，怎麼會有一隻黑色猩猩從中間走過，而我們大家渾然不知呢？

應受試者要求再播放一次影片，這時西蒙斯非常得意的按下播放鍵，影片出現了剛才傳球的畫面，不一會兒畫面竟然出現了一隻黑色的大猩猩（當然是人所扮演的），而且還有表演動作，此時現場的受試者驚呼聲此起彼落，我怎麼沒發現呢？

這就對了！我們怎麼會發現呢？原來當我們專注於算數黃色球衣運動員傳球時，就會忽略畫面中其他訊息的變化；這種現象之所以發生，從神經醫學的觀點來說，專注單一訊息，省略其他與專注不相關的訊息，對於人們來說最有效率。我們的認知和組織中樞已被演化為傾向於：以最少的訊息對外在事件做出有效的反應。由於大千世界訊息的數量總是太多與繁雜，所以大腦只挑選出它認為最專注於一項任務上有意義的訊息，同時忽略或隔離其他不相干的訊息。這種過濾訊息的反應，在處理分秒必爭的緊急情況時特別有用，但很不幸地，大腦也有可能忽略關鍵訊息，尤其是當我們對評估陌生情況的經驗有限時更是如此。

以此項實驗的推演，我們可以了解假如我們只專注在單一任務上，有可能會忽略其他的訊息，這種忽略就是開了服務失誤的第一槍；例如，有一回我到知名的糕餅店購買好吃的糕點，當我購買完畢之後需加購保冷袋，請服務人員幫忙我先把糕點裝入保冷袋當中，服務人員竟然回答，您先結完帳我再幫您包裝（好像怕我包裝完不結帳就跑了），我不服氣的說，不！你先幫我包裝完我再結帳，沒想到，服務人員堅持先結完帳再包裝；請問您，最後是店員配合我，還是我配合店員呢？答案當然是我輸了，因為他堅定的眼神！

沒錯！當我們開始一天的服務工作，管理者會和所有服務人員開簡短的會議，宣布公司有何新規定、促銷活動內容是什麼、昨天有員工不按標準作業、再次重申服務作業標準等等，但是，很少有管理者願意激勵員工，請服務者專注顧客細微的需求，並為顧客帶來愉悅正面的服務回應方式，讓顧客帶著不虛此行的購物經驗離開。

從這裏可以發現，當我們「專注」的越多，「關注」的就越少；所謂的「專注」主要是針對事物而論，而「關注」主要是針對人的部分，當我們「專注」越多的時候，就會忽略「關注」的重要性！上述的說明大約可以了解，企業不斷的制定管理制度與規章，甚至設定服務接待的稽核標準，希望服務提供者能扮演銷售者角色促進營業收入，但是如此將促成服務提供者，間接甚或直接忽略關注顧客在接受服務過程中獨特需求與感受！畢竟人類的大腦有其限制，因此我們要取得兼顧管理的功能又能不干擾員

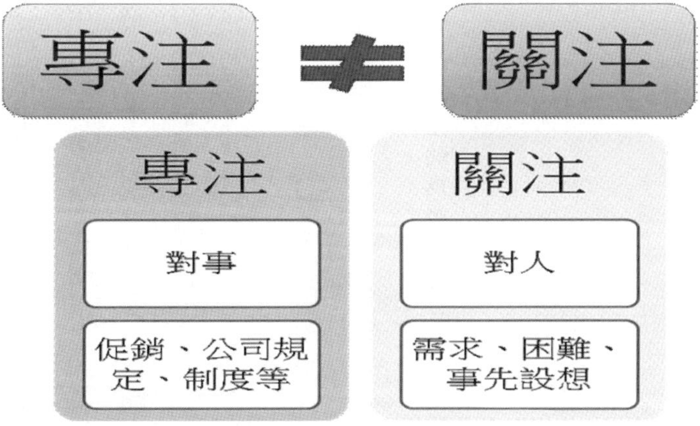

圖7-1：專注與關注的差異。

工關注顧客能力，這是大家應該進一步關心的焦點。

為了使讀者更清楚形塑感動服務相關元素，作者將針對感動服務的因素與相關元素逐一說明，並且將元素所形成的路徑加以剖析，使其更具實務性的運用與參考價值；在閱讀之前有一項提醒，關於感動服務元素命名的方式，是根據消費者在接受服務之後產生的直接感受，以顧客感受性語言陳述，例如「不惜成本的提供服務」這項感動元素，如果以字面上的解讀，肯定有所偏誤，也將窒礙難行，同時違背企業永續經營的商道。

感動服務元素命名，是消費者在接受服務之後，所產生的感受直接反應所使用的語言；因此，建議讀者以消費者的立場解讀，方能有效理解，並且正確的掌握感動服務元素的意涵。

- **感動服務元素是以消費者在接受服務提供者服務展現之後，所產生的感受直接反應。**

第八堂課　感動服務元素的定義之「魅力服務期望」(Attractive requireme

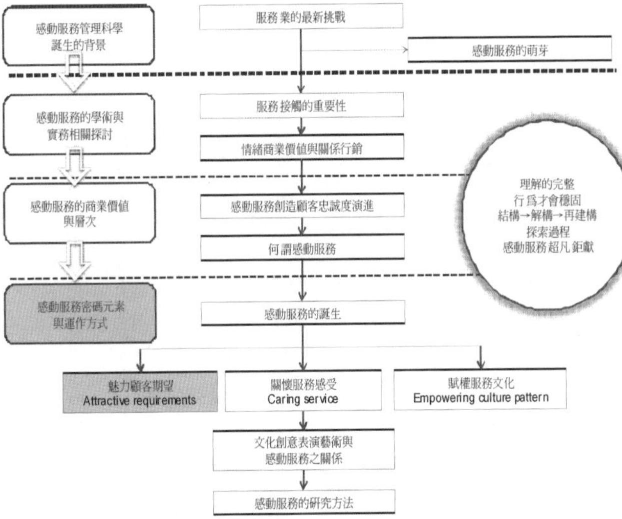

每一個人都想要了解藝術，
為什麼不試著去了解鳥兒的歌唱？
為什麼一個人喜愛夜晚、花卉、周遭的一切，卻不需要去了解它們？

—巴布羅・畢卡索—

八—一　魅力服務期望導覽解說

飯店的房客出門洽公，房務員清掃發現床鋪周圍地毯積水，立即通報趕緊檢查，卻沒有發現任何異狀，顧客也並無訴怨；隔日早晨房務員再次發現地毯積水現象，經過一個早上的折騰，沒找到原因；該房客回到飯店後，準備安排換房；恭候房客多時的總經理立即趨前致歉，此時房客卻說：「我很好，無需換房而地上的積水是對抗鼻子過敏的措施，所以請總經理不必掛心。」

知道原因後，總經理邀請房客到酒吧小酌一番，同時立即交辦同仁一起為過敏的房客商討對策；當房客自酒吧回到房間打開房門時，非常驚訝！他的床鋪旁鋪著十二盆盛開的玫瑰花並裝滿水，同時，在床鋪旁放著巧克力與水果，並由櫃檯同仁準備了一張小卡片，祝福房客一夜好眠。房客非常感動，飯店能尊重他的需求，又能有如此快速又有創意，幫他準備這一切，令客人有一個非常感動的住宿經驗。這樣的服務當然是超過顧客所期望的服務。

魅力服務期望 (Attractive requirements)	關懷服務感受 (Caring service)	賦權服務文化 (Empowering culture pattern)
·感覺很驚喜 ·被當成重要貴賓的感覺 ·超級貼心的服務 ·滿足顧客未言明的需求 ·具有巧思的服務 ·超乎預期之外的服務	·視顧客如家人般的對待 ·隨機應變符合顧客服務 ·優質的服務態度 ·主動重視客人的需求	·授權員工款待顧客 ·溝通品質與社交能耐 ·不惜成本提供服務 ·使命必達 ·跨部門團隊合作共識 ·真誠的道歉

所謂的魅力服務期望，是在服務接觸的過程中，事前為顧客設想周全，提供讓顧客感到驚喜的服務，同時款待顧客猶如重要貴賓般的感受，並於適當的時候提供超級貼心的服務，而顧客需求在適當時機能獲得滿足，是顧客夢寐以求的消費享受。

一個真實的故事發生在百貨公司；消費結帳刷卡後，沒簽名我就匆匆離去，卻忘記把信用卡帶走；約二十分鐘後百貨公司的客戶服務中心電話通知我，幫我保管我信用卡事宜，於是我主動請他們傳真刷卡授權書給我直接付款即可，百貨公司只向我索取通訊地址，他會立刻將信用卡寄給我以免造成我的困擾；至於，我所購買的食品免費服務，哇，真是周到呀！

當然我過了一個月之後，我專程把尚未付款的金額付清，順便再關照一些食品。所以，能提供顧客意想不到的服務，對於提供顧客感動服務是相當的重要的。

在這個感動服務的因素中，確定和了解顧客的潛在需求（latent needs）非常重要，若潛在需求被滿足，則消費者將會感到愉快和驚訝。網路交易經營者也開始提供在家試穿鞋子免費的服務；現代的醫院也開始借鏡異業優質服務概念，如汽車美容、銀行、飯店門房服務、代客停車等創新的構想；餐廳開始被打造成具文化創意式的餐廳。病人在病房訂餐，就像是在旅館一樣有Room Service的配套服務。只要遵守醫院的飲食規定與飲食禁忌，從西餐、中餐到黑森林巧克力蛋糕都可以訂購，這真是超越顧客期的的魅力服務的典範。

由方世榮教授所譯的《行銷管理》中論及，消費者滿意的需求有三種：

1.當然的需求（must-be requirements）：此為重要的競爭因素，沒有滿足顧客當然的需求，顧客對產品一點也不感興趣，相對的沒有競爭力；例如，餐廳衛生與美味程度、大眾交通工具準點發車、飛航安全、行動通訊收訊良好、超級市場商品新鮮無虞、專業的醫療服務是顧客當然的需求；一般而言，這類的需求是顧客基本的要求，服務提供者要能滿足顧客此類的需求這也是企業生存的基礎。

2.一次元的需求（one-dimensional requirements）：一次元需求的滿足與顧客滿意成正比。一次元需求對顧客而言是較明顯的需求；例如，服務態度親切友善、服務人員具有專業知識與技術、產品售後服務極佳、產品的功能為顧客創造價值、環境優美舒適、服務之中延伸需求主動提供、服務快速反應迅速等等；這些需求是顧客期望得到的服務，也是服務提供者致力於品質改善的範疇，服務失誤經常發生在一次元的需求上。

3.魅力的需求（attractive requirements）：顧客對魅力的需求並不明顯也較不期待，當魅力需求不被滿足時，顧客也不會感到不滿意。最主要這類的服務需求，是連顧客也沒料想到，除非顧客已經面臨到相關的情境，才能誘發出需求反應，通常顧客的反應是，如果此時有……的服務那將是太棒了！

例如，一位客人說，即使在離開飯店時，也可以輕易而真誠地被感動到。「我們從門衛那裏取車，要回家了，他們在車上放了一張小卡片，感謝我們的光臨，另一張卡片則是列出本地的美食地圖、以及觀光景點的道路指南，再加上為我們準備的兩瓶水。」（故事取自 The Ritz-Carlton Hotel Company）這就是一個很好的案例。汽車保養廠於保養結束後，為顧客的愛車徹底清潔與鏡面打蠟之後，再將汽車交給車主，那將是令車主所料想不到的魅力服務；而小兒科診所在為孩童看診時有一套安撫戲碼之外，又能給予父母教養的相關建議訊息，使顧客能有效接收教養方面權威的訊息，更是顧客感到驚喜的服務。

以下將針對顧客魅力服務期望，所包含的六大項感動元素，逐一介紹定義與引發感動服務元素的路徑；分別為感覺很驚喜、被當成重要貴賓的感覺、超級貼心的服務、滿足顧客未言明的需求、具有巧思的服務、超乎預期之外的服務。

八—二 魅力服務期望感動元素與路徑說明

■感覺很驚喜

在服務接觸的過程中，顧客事前並未意識到會有如此細緻而超乎想像的服務，而此服務適切的符合顧客的需求與感受，進而產生一種正面的情緒價值，同時讓顧客感到愉悅以及感激。

一位客人在感謝信函中說道：「我接到飯店電話，確認我們的旅行計畫。我無意提到我們結婚五週年紀念。她主動詢問，有何需求。我提到懷孕了，睡覺時希望能多用幾個枕頭來支撐我的背部。她立即給我四、五個枕頭選項。他們還提供全身長枕。實在很難形容有個長枕是多麼棒的事。我已經很感動了，我都還沒出門呢。」

這位客人繼續提到：「在住宿的第一天晚上，當我們回房時，桌上有巧克力沾醬的草莓，還有冰在冰桶裏的香檳，並附上一張飯店經理的賀卡。床上放了玫瑰花束，還灑了玫瑰花瓣。真的覺得很貼心。我先生從冰桶裏拿出香檳，結果發現那是汽泡蘇打。顯然地，他們注意到我懷孕了，因此留意給我們的週年禮物。這樣注意細節，讓我們非常感動。」（故事取自The Ritz-Carlton Hotel Company）

感覺很驚喜的產生路徑：（圖8-1）

感覺很驚喜，一直是我們非常喜歡的一個情緒反應，當我們面臨重要的日子時如生日、求婚、紀念某個特別的日子或是消費情境時，總是希望有些驚喜；但是感覺很驚喜，是一個經過被對待之後所感受的評價，因此

圖8-1：感覺很驚喜產生路徑。

我們得要仔細的解剖一下到底這個感受是如何產生的。

首先，我們人類對於任何情境，會有一個基本的預期心態，社會心理學稱之為認知基模，他是對於人們如何瞭解、解釋自己與別人、及彼此間的互動，扮演非常重要的角色。是我們用來組織關於特定主題知識的心理架構，對於許多事情包括對別人、我們自己、社會角色（例如，稽核人員與公關人員）、及某些特殊的事情（例如，當人們在購物時，那一類的事情經常會發生）。因此，當顧客前來接受服務時他的需求與基本的認知基模會啟動；其次，服務提供者提供顧客接二連三超乎顧客認知基模的服務，顧客也會有接二連三的驚喜情緒；最後，在服務接觸與傳遞的過程中，以美學的手法展現。如此服務的過程，最終是接受服務的顧客產生感覺很驚喜的重要路徑。

■被當成重要貴賓的感覺

顧客希望被視為貴賓看待，以周到方案來滿足顧客個別性的需求。

友邦元首來訪入住飯店消息確定之後，飯店的所有同仁都相當興奮，於是向外交部收集關於友邦各種人文風情、國土概況、經濟作物等訊息；該國有一項文化階級的規定，就是元首和官員或人民互動時，所有人都必須比元首的頭部低一些，確定訊息之後，飯店內部管家開始為期一週的服務訓練與情境演練。

重要的時刻終於來臨，當友邦元首抵達飯店時，飯店總經理會面接待時，心裏頭涼了一半，這位友邦元首的身高不高，服務時再矮他一截有些困難，因此，平時的訓練幾乎派不上用場，所以只好見機行事；第一個考驗終於上場，元首在房內點了杯果汁外加一盤水果（大概知道台灣水果盛產豐富），接到任務的是飯店的首席管家小張，小張把準備好的飲料送到元首的房間，當抵達房間的門口時，警衛在一番檢查之後，就讓小張進入房內服務，當警衛打開元首房門時，元首看到小張的姿勢會心一笑；原來小張直接半趴在地上，端著飲料，臀部直接坐到地上，像蝸牛一般的爬行，爬到元首旁為他服務，這位元首很高興的摸一摸他的頭，元首身邊的大臣和我國外交部的長官，都鬆了一口氣，這好的開始，也讓友邦元首有賓至如歸的感覺，飯店也間接的為國家做了一個很好的外交服務工作。

元首在離開台灣時，也破例和所有管家拍照留念，當然所有員工的姿態都比元首低，只是姿勢各有千秋。

被當成重要貴賓的感覺產生路徑：（圖8-2）

被當成重要貴賓的感覺，其產生的路徑如下：首先，是要能使整個與顧客接觸的服務團隊關注到每一個預計要前來消費的顧客，例如有些國際觀光旅館早晨簡短的會議相當重要，客房部主管會唱誦今天入住客人的姓名與特殊需

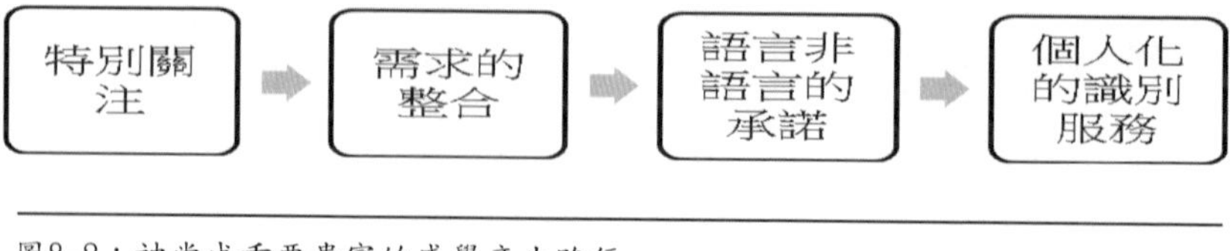

圖8-2：被當成重要貴賓的感覺產生路徑。

求，並請相關單位注意。這時，與會主管均會關注到顧客單一個體的需求，這種關注是顧客服務的第一步，是非常重要的開始；其次，服務提供者要注意到哪些顧客在消費行為過程中，需要特別提供服務；接著，必須整合顧客在消費的過程中所有將產生的需求整合，以語言和非語言的表現展現熱情，提供個人化的服務。

■超級貼心的服務

貼心是一種同理心具體的表現，能讓顧客感到貼心，服務提供者一定要能充分了解顧客在服務接觸當下的需求；而作者使用超級貼心的服務，主要是強調貼心這種服務對顧客而言是專業服務提供者所應具備，但作者強調只有超過顧客期待的貼心服務，才能觸及顧客的心，增強服務所創造出來的感動情緒。

有位朋友到國外度假，入住酒店，早餐都是送到客房。他的女兒叫了法國吐司麵包，但是只吃一半，剩下一半打算晚點回來再慢慢吃。於是一家人出去觀光，回到飯店時，女兒想起法國土司麵包。但是進入房間之後，發現麵包不見了，可能被清潔人員清掃丟棄。她感到很失望；房間的電話有燈閃爍，表示酒店的櫃檯留言給房客，櫃檯已經聯絡廚房準備好香噴噴的法國吐司麵包，如需要的話，客房服務人員立刻將麵包送過去。真是相當的貼心。

還有，某些飯店對於慢跑者的即時關照（客房），你早上出去慢跑，滿身大汗地回來時，他們已經拿著毛巾和運動飲料在等你了。很棒對不對？我打賭，如果你開口，他們可能也會跟著你去跑呢！（故事取自The Ritz-Carlton Hotel Company）

貼心的服務加上超級時就不難理解，一定是超乎一般思維的貼心服務，才能讓顧客有所感動；我們很輕易的會對於我們在意對象作些讓對方感到貼心的事情，例如，我們的父母，在餐廳用餐我們會注意父母的用餐習慣，他們想吃與不想吃什麼，都能瞭若指掌，我們都會事前為父母做好安排，而父母出遠門避免他們舟車勞頓，也會做好行程與交通工具的妥善安排等等；但是，如果要將貼心的服務達到超級的話，以下的路徑就值得參考。

超級貼心的服務產生路徑：（圖8-3）

針對我們在意的對象，首先事前的準備非常的重要，包括物品資源、方法、器具、預算、材料、人員等必須針對情境加以考量；須針對他們的各種處境所需要的生理需求，在此時此刻最重要的是什麼，例如飢渴需求、安全需求、訊息需求、放鬆需求與休閒的需求等等，在服務的過程中顧客經常需要安頓身心的各項需求；接下來，這些需求必須以美學的方式展現，並使服務者能以較佳的語言和肢體語言來款待；透過這樣的過程安排，接受服務

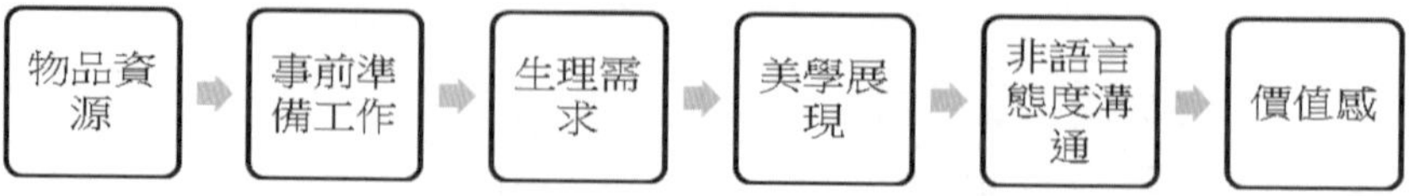

圖8-3：超級貼心的服務產生路徑。

者一定會感到無比的貼心。

■滿足顧客未言明的需求

顧客往往隨著服務接觸時間與情境的發展，瞬間產生立即性的需求，而顧客需要服務者即刻滿足；如要達到先知先覺的服務，似乎在顧客心中剛萌芽的需求立刻獲得滿足，讓顧客感受到一種溫暖與被在乎的感受，這種專業必定是顧客珍視的服務。

一家公司的同事來到我們法式餐廳用餐，我可以感覺到他們是來慶祝獲得大客戶的訂單；就在他們用餐時，酒酣耳熱之際，那位女士突然告訴我：「你們的奶油非常好吃，可否送我一份呢？」我說沒問題，我幫她準備，在用完餐後再送上。

晚宴時間來到尾聲，我將這份奶油和麵包在包裝盒的保護之下，送到這位女士的面前，我告訴她：「這裏面除了您要的奶油之外，我們還幫您準備了德國雜糧麵包，當您回到家裏，在舒適的沙發上，點一盞小燈，聽著您喜歡的音樂，享用這絕配的點心，希望您會喜歡。」這時這位女士站了起來，叫了我的英文名字，並向我道謝，那感覺就好像做了一場完美的演出，觀眾起立鼓掌似的。相信那位女士會有一個美好的夜晚。

滿足顧客未言明的需求產生路徑：（圖8-4）

首先，當我們主動解讀顧客未言明的需求時，必須考量顧客到底有哪些消費情境，這些消費情境何時會發生、發生的狀況是什麼；接著，需要有主動解讀顧客需求的能力，例如有時飯店的大廳人員看到客人衝衝忙忙跑進飯店，看他的樣子不是找人也非住飯店，也非問路，大概知道他們是來找洗手間的吧！大廳人員在還沒聽到客人開口，就能馬上搭腔，您找洗手間嗎？請您右轉直走左邊就是了！如何辨識出貴賓、客人喜歡什麼不喜歡什麼、客人在意什麼、客人希望獲得何種協助等等，這種辨識能力非常重要。

例如有某家汽車銷售公司，在台灣面臨颱風襲擊的季節裏，除提醒車主注意汽車的停放位置之外，在颱風侵襲過境之後，有些車主的愛車不幸遭遇泡水等等，車廠提供了非常優惠的泡水車處理貼心專案，並讓車主處理愛車的帳款可辦理分期付款；還有建商每年會提供他們的住戶免費房屋健診活動等等，這些預防性的措施都是滿足顧客未言明的需求，非常重要的一步。接下來服務提供者，必須以同理心的方式，舉一反三的服務態度來滿足顧客的需求。

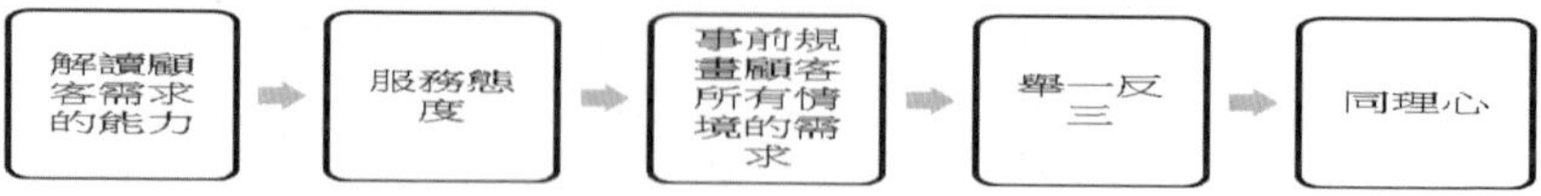

圖8-4：滿足顧客未言明的需求產生路徑。

■具有巧思的服務

這是一種具有創意成分的服務，能帶給顧客正面情緒的感受，具有二項要點：首先，服務者能正確解讀顧客核心需求；其次，服務者以超越期待的方式滿足顧客的核心需求。這二項要點對於顧客的感受來說，是一種服務「契合關係」形成的最佳典範。

有位客人是寫下對飯店的感謝內容大概如下：「我有一場重要的電話會議，但是同時在等某一位開會者的傳真。我打電話給櫃檯，告訴他們，我要去開會了，詢問櫃台是否能在傳真來的時候，儘快地拿給我。飯店的員工向我保證一定會辦到。於是開始進行電話會議，才接電話沒多久，就聽到紙張從門縫被輕輕塞進來的聲音。然而，那只是傳真的第一頁。我以為飯店的員工弄錯了，又繼續講電話。一會兒，又聽到那個聲音，又一張紙被塞進門縫。飯店派人一張張送來他的傳真，因為傳真是一頁頁來的！他們知道這些傳真非常重要，所以不是等全部傳真都收到，而是來一張就儘快拿一張給他。（故事取自The Ritz-Carlton Hotel Company）

具有巧思的服務產生路徑：（圖8-5）

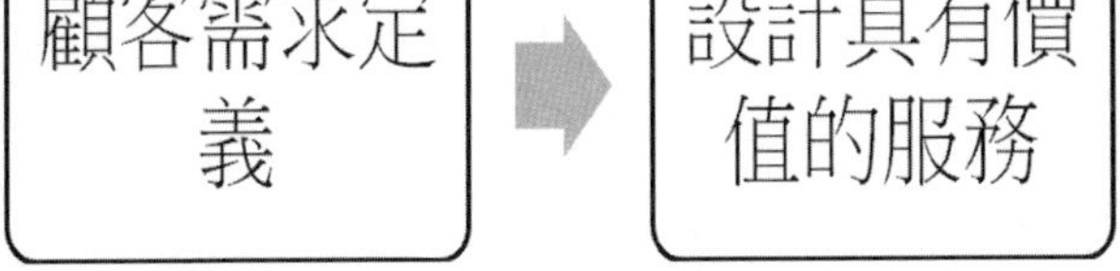

圖8-5：具有巧思的服務產生路徑。

具有巧思的服務是一個需要創意展現的方式，其中要掌握關鍵的要領，就是要能全新定義顧客所提出的需求，例如，上述的故事中客人提出傳真資料儘快送到我的房間，而一般人所謂的儘快，應該是辦事速度要快，行動要敏捷；有可能的應對方式，等傳真資料收集完整之後再送到客人的房間，因此，服務人員對於儘快的定義做了最好的詮釋；其次，需求核心定義之後，還必須設計出符合核心需求且具有價值的服務；因此，具有巧思的服務兩項要點，首先重新定義顧客的核心需求，接著提供對於顧客有價值的服務方式，解決顧客核心需求，如此方能展現具有巧思的服務元素。

■超乎預期之外的服務

讀者可能會提出疑問：超越預期之外的服務和感覺很驚喜不是同樣的意思嗎？也因為提供超越預期之外的服務，就能讓顧客感到驚喜，所以應該是同一項感動元素，不是嗎？事實上二者還是有些差異，感覺很驚喜是落在服務過程，顧客事前並未意識到的服務行為，並且適切的符合需求與感受，而超乎預期之外重點是著重於高水準的品質承諾。

部分企業對於服務保證，有愈趨過度承諾的傾向，如果希望顧客能有超乎預期外的感受，就必須增設讓顧客產生價值感的附屬價值服務，而此項附屬價值服務，並未在廣告宣傳或是品質保證的宣傳項目中，因而帶給顧客超乎預期之外的感受，就比較能夠彰顯。所以感覺很驚喜是從服務接觸面著手，超乎預期之外的服務則是自結構管理面著手。（如圖8-6）

圖8-6：超乎預期與感覺很驚喜的區分。

而結構面的服務管理強調的是延伸性服務規畫，也就是顧客消費前、中與消費後的過程，除了滿足顧客的核心消費外，是否能為顧客做些延伸性差異化的服務，由Do Something到Do More！例如，百貨公司提供孕婦專屬停車位，或是五星級的嬰兒換尿布區域；飯店為顧客提供整套的茶具等等，以促進彰顯顧客消費核心利益的價值為目標，設置結構性服務項目。

上述六大感動服務元素是詮釋魅力服務期望的架構，這些元素可供企業界，在形塑「魅力服務期望」時最佳的關鍵元素。

感動服務問題討論便利貼

1. 為了提高顧客滿意度，組織在直接與間接的管理措施方面做了哪些？
2. 顧客在接受服務的過程中會有哪些延伸性的需求？
3. 組織中服務顧客的標準化作業程序SOP有哪些？服務員款待顧客的權限為何？

第九堂課　感動服務元素的定義「關懷服務感受」(Caring service)

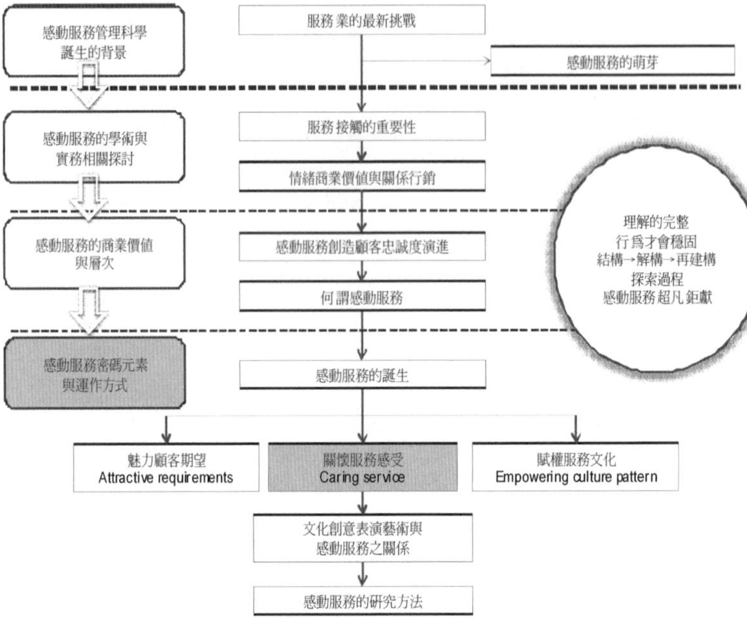

對於那些心中有愛的人來說，
每一件事物總是清澈無比；
對於那些尚未發現愛的人，
我們能說些什麼呢?

—夏卡爾 in Franz Meyer, 1963, p.498—

九—一　關懷服務感受導覽解說

「一位客人看起來臉色蒼白，想到飯店外面找感冒藥。當服務人員詢問她：『有什麼可以幫忙的嗎？』她婉謝了，但服務人員可以看出來，她只是不想麻煩人而已。她接著回到房間。因為她看來不太舒服，可能是感冒了，服務人員想她如果喝一杯特製的熱茶，會舒服一點。所以就幫她泡了茶，加上一朵玫瑰，給她送了過去。服務人員把這些東西放在銀盤上，敲了她的房門。她說：『哪位？』服務人員應答：『我是剛剛的服務人員，在櫃檯旁遇到您，您看起來像是感冒了。』她回答：『我很不舒服！』進了房門服務人員就把準備的東西放在盤子上遞給她，再詢問她是否還需要其他東西。她躺在床上，服務人員幫她拍鬆了枕頭。她很需要，因為她在咳嗽。

服務人員說：『我在茶裡加了蜂蜜和檸檬，我也用了溫度高一些的熱水，我想你在一個小時內就會覺得好多了。』第二天，這位小姐，寫了一封感謝的信。飯店最喜歡信裏的一段是，她說她從未在家以外的地方得到這種照顧。『那是媽媽般的照顧。』這種主動為顧客營造家外之家的氛圍是顧客最為感謝的服務！（故事取自The Ritz-Carlton Hotel Company）

魅力服務期望 (Attractive requirements)	關懷服務感受 (Caring service)	賦權服務文化 (Empowering culture pattern)
・感覺很驚喜 ・被當成重要貴賓的感覺 ・超級貼心的服務 ・滿足顧客未言明的需求 ・具有巧思的服務 ・超乎預期之外的服務	・視顧客如家人般的對待 ・隨機應變符合顧客服務 ・優質的服務態度 ・主動重視客人的需求	・授權員工款待顧客 ・溝通品質與社交能耐 ・不惜成本提供服務 ・使命必達 ・跨部門團隊合作共識 ・真誠的道歉

關懷服務感受：是一種觸及他人深層心靈的感受，具有利他的行為，同時也是同理心與尊重他人重要的人性價值；關懷是人與人之間相互連結的過程，是一種關心或對他人感興趣的感覺。

一家販售鞋的店家接到一通電話，有位顧客要退回替丈夫訂購的鞋子，客服人員問她這鞋子有什麼問題。顧客解釋說，訂購這雙鞋之後，丈夫就車禍身亡。客服人員深感難過，掛上電話之後，客服人員即刻送花與卡片給這位顧客，說一些關懷、鼓勵與關心她的溫馨話語。這位顧客非常感動，在部落格上發表文章，這篇文章被轉寄給成千上萬的人。

信賴關係的發展包含對他人直接保護、真誠、同理心及給予他人溫暖的感覺。同理心等於瞭解對方感受及情緒；溫暖是傳達關懷知覺的程度，亦是尊重與接受。關懷元素大部分作用在醫療或照護產業較為明顯，因此對於感動程度的影響可見一般；最主要的原因，關懷作用是接受照護者處於弱勢或行動不便的窘境下，需提供照護者較多關照。服務者與受服務者就是一種需求滿足或是問題解決交易的過程，因此提供關注服務感受，將觸動顧客的心靈感受。

在關懷服務感受的感動因素之中，總計有四項感動服務元素，包括視顧客如家人般的對待、隨機應變符合顧客的服務、優質的服務態度與主動重視客人的需求等四大感動元素；以下接著說明各項感動元素的內涵與發展的路徑。

九─二 關懷服務感受之感動服務元素與路徑說明

■視顧客如家人般的對待

顧客為了某種需求的滿足，離開生活環境，抵達服務場所，然而顧客離開得越久越容易產生不便的情況，畢竟離開自己熟悉的環境，在生活習慣、生理狀況或是因突發狀況的發生而面臨窘境，假若服務提供者以制式化的規格服務是無法滿足顧客的需求；因此，能在這種關鍵性的時刻，對於顧客展現溫暖的關懷並協助解決問題，顧客將產生感激之情，猶如回到家一般的安心。

視顧客如家人般的對待的產生路徑：（圖9-1）

在此我們得要先把家的感覺鋪陳出來，接下來，對於家的詮釋才能彰顯服務接觸過程中，所謂視顧客如家人般的對待，到底範疇何在。

圖9-1：視顧客如家人般的對待產生路徑。

家的概念，一般而言讓我們聯想到，例如家是讓人有熟悉的、便利的、舒適的、溫馨的、隨性的、輕便的、關懷的、安全的與適合孩童的，因此感動的元素的運作思考，應依此方向進行探討；首先，對於接待賓客而言，不似如臨大敵般的陣仗一字排開，以侍候皇帝般的高規格接待，這樣的場面，比較像是宮殿式的服務，讓人不寒而慄，增加距離感；所以，家人般的對待應該是以輕鬆接待展開序幕，因此輕鬆的寒暄與關心，禮節的部分點到為止，無需以尊卑的態勢服務賓客，這樣就會讓客人有輕鬆的感覺，如此的氛圍顧客較願意提出需求，服務提供者方有展現專業服務的機會；接著環境的營造必須顧及溫馨與溫暖的感覺，同時還需顧及兒童的需求，並且進行所謂的換位思考，也就是同理心的運作。

■隨機應變符合顧客的服務

服務需具備藝術般創作的能力，在各種不同服務接觸情境下，服務者具備敏銳的觀察力與機警的作為，加上高度的同理心與創意所呈現的服務，能感動顧客本身或是周圍的其他賓客。飯店來了一位台灣方面的公司代表（簡稱A先生），在協助一名老外貴賓辦理入住登記，完成後A先生告知貴賓，請他在房間內稍事休息，一個小時後在飯店的自助餐廳用餐；A先生在自助餐廳訂位卻發現客滿，於是A先生改訂法式餐廳三樓，訂好位子之後，A先生隨手打電話通知老外貴賓，晚宴的地點變更在三樓餐廳；就在此時領檯人員敏銳發現，A先生僅告知三樓餐廳並未提醒貴賓該餐廳為法式餐廳，貴賓有可能因為穿著輕便被檔在餐廳外面，畢竟法式餐廳有服裝上的規定。

於是餐廳人員立即通知櫃檯人員，用A先生的名義通知老外貴賓說：「A先生有交待，待會是到法式餐廳用餐，提醒您飯店的服裝規定。」老外接到電話後立即換上正式的服裝，當抵達三樓時，老外貴賓向A先生致謝，並說還好A先生有提醒他，讓他先有準備，這話聽得A先生一頭霧水，後來A先生終於明白是飯店人員協助代為通知，A先生非常感謝飯店人員的機警，讓他宴請這位老外貴賓相當順利，而飯店也扮演好促進商務活動配角的角色。

隨機應變符合顧客的服務產生路徑：（圖9-2）

這項感動服務元素是最有可能產生失控的狀態，因為要做到隨機應變又要符合顧客需求，是相當複雜的難題，但是如以顛倒句的方式進行討論，先討論符合顧客需求，再來探討隨機應變，這樣就比較容易；我們不難想像任何服務項目的規畫，其重點都是在解決顧客需求，但是我們所規畫的服務項目，為了使服務作業更有效率，多半是只有一套模組化的服務腳本，這是交易導向的服務規畫，將所有顧客的需求化整為零，提供單一套服務劇本，因此要做到隨機應變，服務人

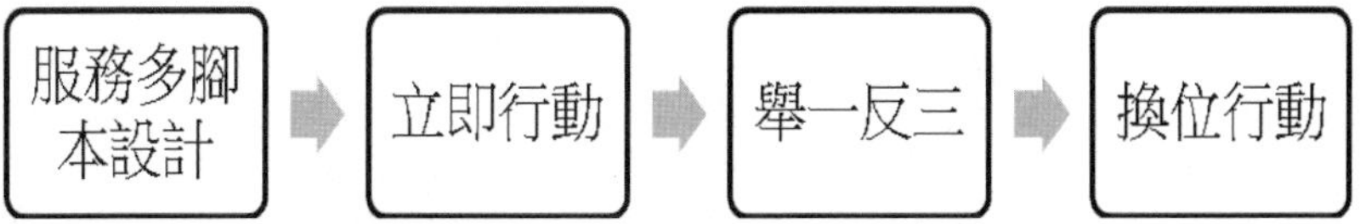

圖9-2：隨機應變符合顧客的服務產生路徑。

員難免不知所措，可能直接拒絕顧客額外提出的請求；因此，需要思考顧客有哪些延伸性或是相關性的服務需求，設計服務的腳本，而腳本必須使員工熟練，方能做到隨機應變，符合顧客需求。

■優質的服務態度

對顧客所展現出的語言以及非語言溝通的傾向，將影響顧客整體的消費經驗以及評價。因此服務者正面的情緒與態度，會感染顧客的情緒，發生同步作用，而服務態度一般而言，分成低階與高階作用，分述如下：服務態度的低階作用（以情緒感染為主，例如：親切、禮貌、積極等），高階的服務態度（以價值觀導向為主的，例如：謙虛、真誠、溫暖與慈悲等）之作用。

長途飛行之後驅車抵達飯店，接待員馬上幫我安排Check in，排在我前面的是穿著體面，看似商務旅客；當我還在恍神之際，被突如其來的謾罵聲給驚醒了，原來我前面這一位旅客，因為訂房時有誤，此時，他以最凶神惡煞的態度向櫃檯的接待員咆哮，那聲音幾乎貫穿整個大廳，所有人的目光都移向正在接受旅客抱怨的接待員；我深怕年輕貌美的接待員，受不了刺激嚎啕大哭，這會影響我出差的心情。

輪到我要辦理入住登記時，心想搞不好她會把對前一位客人的憤怒發洩在我身上，正當我的耳裡還有咆哮的旅客謾罵的回音；我料想不到，此時的接待員緩緩的抬起頭，用愉悅而親切的聲音稱呼我的姓名，並向我露出最溫暖的笑容，並告訴我：「旅途這麼遠，相信您一定累了吧！」然後，她迅速幫我安排好入住登記，並告訴我：「如果您願意的話，我會請房務員為您多送上泡澡的海鹽，以便消除您旅途的疲勞，同時為您送上鮮果汁以補充體力，好嗎？」

哇！我當場驚呼，原本我還想趁機安慰這位接待員——剛剛的遭遇，沒想到在短短的幾秒鐘之內，她就調整好心態，我感到不可思議，我問她是如何辦到的，她說：「您過獎了！雖然我有受到影響，但是，每位旅客都有自己的故事，以及想要達成的旅行目的，能用我們微薄的能力，提供給旅客第二個家的感覺，我想到這個使命，我就很開心，謝謝您的關心！祝您一夜好眠。」哇！真是令我感動，而且這趟旅程我一點也不受影響，還非常敬佩這位接待人員的作為呢！

優質的服務態度的產生路徑：（圖9-3）

優質的服務態度討論已相當多，我們將針對感動服務的領域加以探討；首先，優質服務態度的啟動，還是得先從注意到眼前的顧客，開始有了主體與客體的接觸，才有展現的開端；因此優質的服務開始於關注顧客，但是此處的關注不單只是服務提供者個體的關注，還需整體的服務團隊關注所有賓客，但是

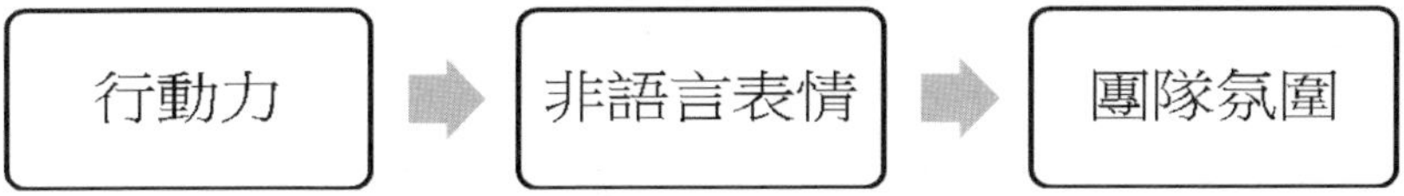

圖9-3：優質服務態度的產生路徑。

一般的企業很難做到這一點。

在營業場所消費時，我們經常看到如此景象，假如是媽媽級的服務人員，經常會聽到討論家裏的孩子或是老公的種種事蹟；如果是年輕的服務人員，則經常聽他們去哪裏玩，同學如何又如何。現場的主管就直接教導（教訓）起新進員工，如何服務顧客與公司規定，把在場的顧客也當成新進員工般的訓練。當服務人員聊得愈起勁，顧客則是悶得發慌，深怕提出服務的需要時，會打斷他們的談話。其實這種情形真是要不得，您應該不會看到米老鼠與唐老鴨在嘉年華會遊行時，因天氣太熱把戲服頭套拿下，並且說待會下班要去吃冰淇淋吧！這種畫面應該很難想像！因此，優質的服務態度，首先，全體人員均能關注所有的顧客。

接著，探討非肢體語言，其中包括面帶微笑且熱心的服務、耐心的傾聽、聲調溫暖的問候等這些現象，是顧客最喜歡的非肢體語言的互動，顧客看到服務人員熱心的提供服務，會使人感到商品充滿各種養分與能量，顧客也跟著快樂起來，也比較願意提出相關的需求與建議，而顧客又能感受到服務提供者耐心的傾聽與服務的意願，這時甚至服務提供者並未做什麼具體的服務，就能讓顧客開心不已。

最後探討團隊服務的氛圍是顧客最能感受到，前面第四堂課提及情緒是具有感染力，因此團隊合作的默契與組織款待客人的目標一致，顧客均能感受到，但是顧客會從哪些線索得知呢？主要是來自於服務人員傳遞服務的過程中是否順暢，還有服務的隊形規畫，例如棒球比賽時，當對手打擊出去，主要防守者接球的同時，隊友立即補位，並有隊友協助備位，讓防守滴水不漏；服務者在服務顧客時，是否有其他同仁扮演協助的立場互為補位，讓主要服務者能專心關注顧客的各種需求；另外團隊彼此之間的互動語言充滿熱情與正向的鼓舞，讓顧客感受到一種被關愛的包圍感；同時，當服務者提出款待顧客的方案時，接棒的單位與同仁表現出積極的態度與正面語言的互動；這樣才能充分展現優質服務態度的氛圍。

■主動重視客人的需求

接觸過程中，服務者主動關懷顧客需求，並運用職務權力與公司的資源來滿足顧客。

一位顧客在顧客讚美的信函上寫著：「當我在炎熱的那一天開車抵達飯店時，我在路上喝了一瓶運動飲料，把空瓶丟在後座。兩天後，當我要開車回機場時，飯店的泊車員替我把車開過來，車上居然有一瓶新的運動飲料放在置杯架上。在飯店，泊車員被嚴禁碰觸客人的東西，當然他們也不會拿走運動飲料的空瓶，然後再放上一瓶新的飲料。」（故事取自 The Ritz-Carlton Hotel Company）

主動重視客人的需求，主要強調的是「主動」這個行為，在服務接觸的過程中，服務的團隊各司其職，經常忙於處理本身職責的工作。但是，在服務的過程中，有時顧客會有各式各樣的需求，客人都需等待服務提供者看到他們之後，才有辦法反應他們的需要；甚至有時客人都站在服務人員面前，還是觀察不到客人的反應，這種情形經常發生。如此，客人就無法安分的享受當下的氛圍，我們不能期盼服務提供者具有馬戲團般三心二意的能力，但是必須仰賴現場的管理者抬頭注意顧客的反應，因為服務人員專注於完成手上的任務，而管理者應如雷達般掃描顧客的需求反應，如此搭配才能做好高品質的服務。

有位外國的客人提著行李經過飯店大門，門房的小張一眼就認出眼前的這位客人是飯店的常客A先生，小張立即趨前問候，並迅速協助A先生提行李往大廳櫃檯走去。就在這個時候，A先生不好意思的告訴小張：「我今晚並不住在這裏。」他今晚住對面的那家五星級飯店，小張立即說：「沒問題，我幫您將行李運到您今晚預備入住的飯店。」於是小張很勤快的帶著A先生的行李，向對面的飯店走去。

到了同業的飯店之後（您可以想像一下，小張穿著自己飯店的制服，站在同業的飯店，服務著彼此的客人），小張請A先生先稍待一會兒，就逕自向同業的櫃檯走去，並向接待員交辦了A先生的需求；此時櫃檯人員幫A先生辦理入住登記手續，一切都完成後，小張就把行李交辦給同業飯店的門房，並向A先生說明：「我就在對面，如果您有什麼需要服務的地方，您也可以打這支電話（小張出示飯店名片），請儘管吩咐。」說畢立刻告辭，回到自己的飯店。

當小張繼續忙著招呼別的旅客的同時，他隱約看見A先生拖著行李往自己的飯店走來。到了大門口，A先生向小張簡短的打聲招呼，只說了一句：「我還是習慣這裏。」就逕自去辦理入住登記手續了。如此高水準的服務相信讀者應該會印象深刻。

每位顧客的習性都是獨特，但是總有脈絡可循，一般而言，提供高水準的服務品質，就能讓顧客印象深刻，但是僅有少部分的人習性較為特別：有些客人喜好乾淨、有些則喜好專業、有些比較不放心、有些則喜歡找熟識的人，這些需要我們特別關注的顧客習性，佔顧客總量不多，稍加留意就能做到「主動」關切。

那麼主動重視什麼樣的客人呢？我們簡單的將顧客分成四種類別，也形成四種企業與顧客間的關係；首先是銅卡級、銀卡級、金卡級，最後是白金卡級的顧客，越往白金卡級的顧客與企業的關係越密切，也代表著顧客的消費等級會跟隨公司的顧客政策加以調整，在此簡單作一介紹。

白金卡級：佔顧客群的很少一部分，是屬於消費頻率相當高的使用者，並且對於利潤的創造有很大貢獻。這一族群的顧客對價格較不敏感，但希望能夠獲得高水準、獨特的服務，而且非常願意嘗試新的產品與服務。

金卡級：比較白金卡級人數多，但利潤貢獻度小於白金卡級顧客。金卡級消費者有部分的價格敏感度，對企業的忠誠度不算太高。

銀卡級：是一家企業顧客數最多的一個等級。這些數量將使企業發揮一定的經濟規模，企業藉由他們來建立或維持一定的產能水準，以服務支撐金卡和白金卡階級的顧客。銀卡級的顧客只能為企業獲得邊際利潤，這一等級的顧客只會得到企業標準化的服務內容與規格，不會有特殊的待遇。

銅卡級：顧客只能為企業帶來基本的收入，而且這個等級的顧客會要求與銀卡級同等的服務水準，因此公司經常將他們列為虧損的市場區隔之中。

這四種類型的顧客如何運用呢？有些企業會把顧客關係管理的策略重點擺在銀卡級與金卡級的顧客，因為企業希望培育這些顧客群逐漸往上移動，成為白金卡級的會員，而針對銅卡級的會員僅需提供高水準的服務品質即可，這些端賴企業針對所屬的產業與面臨的市場加以評斷；因此，白金卡級當然會希望獲得一套具有獨特價值的服務，然而以感動服務而言，針對銀卡級與金卡級的顧客應最具有創造性的價值。

觀察入微是服務提供者基本能力的反應，在服務的過程中，顧客的神情、體溫、嗅覺、聽覺和味覺以及喜歡或討厭，都會在非語言的訊號中出現，服務提供者最好能在第一時間關注，或是在不同的處境能預測顧客會有什麼樣的需求，這樣的預測觀察能力是服務啟動很重要的開端。例如，中餐上菜時，室內溫度或許設定在攝氏二十六度，但是下一道的菜色是湯類，可想而知客人的體溫會上升，這時服務的提供者需注意顧客處於室溫的感受，事前預防顧客可能因體溫的上升而汗流浹背，這樣主動重視顧客需求才能創造感動的服務。

上述四項感動服務元素是詮釋關懷服務感受的架構，這些元素可供企業界，在形塑「關懷服務感受」時最佳的參考關鍵因素。

感動服務問題討論便利貼

1. 顧客在接受服務之前會有哪些窘境發生？
2. 顧客接受服務過程中會有哪些窘境發生？
3. 顧客接受服務之後會有哪些窘境發生？

第十堂課 感動服務元素的定義之「賦權服務文化」（Empowering culture pattern）

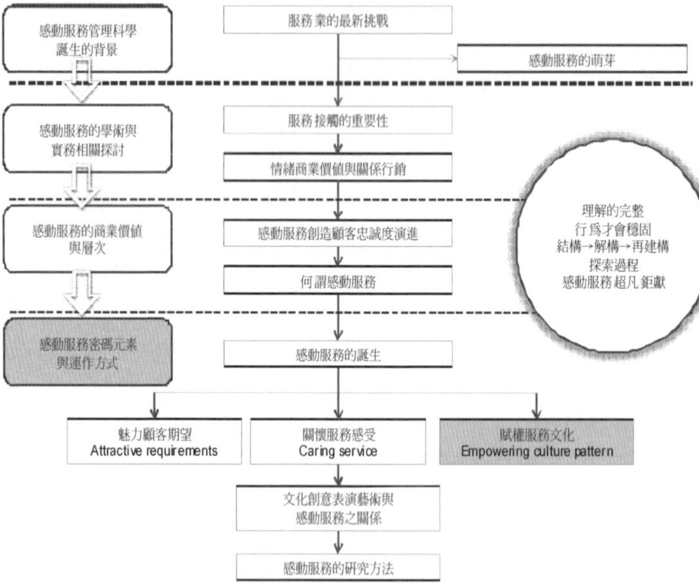

沒有訊息沒有表演

一個「真正的家」指的是人類能夠找到自己，

連結在一種友誼與團結的精神狀態裡。

—鈴木忠志—

十一　賦權服務文化導覽解說

一位商務旅客急急忙忙跑到櫃檯，氣喘吁吁的說：「早上要參加一場重要的研討會，我又是受邀擔任研討會開場的專題演講者，但是入住飯店後，卻發現西裝忘了帶，離演講的時間只剩下一個小時，不知如何是好，請妳們幫忙想想辦法好嗎！」接待員說：「沒問題，先生請您在咖啡廳稍坐一下，我請我們管理制服間的主管幫您安排！」

在咖啡廳剛坐下時，制服間的主管已出現在他眼前，制服主管告訴客人：「我們的西裝是黑色的，不知是否符合您的需要？」客人連忙說沒問題，制服主管立即幫客人迅速量好手臂長度、肩寬、腰圍、腿長等等尺寸，就在量測的同時，櫃檯接待員立即準備了一間房間，讓客人能試穿剛改好的西裝，不僅如此，門房人員也已通報計程車準備好可以立即上路；制服主管在量好客人的身材之後，立即趕往制服間為他找出一套體面的西裝，根據客人的身材裁縫，不到二十分鐘就改好了，並配好襯衫，準備送到臨時的房間給客人，就在此時，櫃檯經理知道狀況後，立即借了紅色領帶給客人；於是在大家齊心合力，三十分鐘之後，客人已換好西裝並從容的坐上計程車，準時抵達會場。

當然這位客人的演講一定如預期般的精彩，飯店的人員也打了一場漂亮的團體服務合作戰。

魅力服務期望 (Attractive requirements)	關懷服務感受 (Caring service)	賦權服務文化 (Empowering culture pattern)
・感覺很驚喜 ・被當成重要貴賓的感覺 ・超級貼心的服務 ・滿足顧客未言明的需求 ・具有巧思的服務 ・超乎預期之外的服務	・視顧客如家人般的對待 ・隨機應變符合顧客服務 ・優質的服務態度 ・主動重視客人的需求	・授權員工款待顧客 ・溝通品質與社交能耐 ・不惜成本提供服務 ・使命必達 ・跨部門團隊合作共識 ・真誠的道歉

吉卜齡（Rudyard Kipling）在《叢林之書》（The Jungle Book），一段文字簡潔又有詩意：

群體的力量來自每一隻狼，而狼的力量來自群體。

一個關乎感動力、無關頭銜的一門學問；服務業重視分工但卻無法合作，這是怎麼回事？證嚴上人有了清楚而有效的答案，在一場名為「CEO沒上的課」中被問及：「請問法師，為何每次發生災難時，慈濟人總是第一時間抵達，動員相當快速；請問，您是以何種制度，如何管理全球超過四百萬以上的志工，這是如何辦到的？」上人回答：「我從未動員，因為慈濟人從來沒有停歇過，何需再動員呢！隨時隨地都做好為他人服務的準備；而在管理方面則是以戒為制度，佛教界有所謂的守五戒，慈濟則有十戒必須遵守，並以愛來自我管理，付出無所求；以此二項原則來引領慈濟人朝向全球化善的發展。」慈濟的美，美在自動自發！

服務群眾、利益眾生的組織文化，刻意降低官僚氣息，耕耘出觸動人心茁壯的沃土；這是企業領導與影響力的最高境界，這樣清晰的使命與管理行為準則，慈濟的威力想當然爾；企業具有顧客導向的思維，尊重員工，因此願意授權員工款待顧客，為留住顧客的心，不惜成本提供服務，同時每一次服務接觸時，服務提供者與顧客具有良好的溝通與社交品質，使得顧客感受到該企業具有一種款待顧客的風格與氛圍。

在企業管理學上所探討的授權或是賦權方面，作者參考MTP（管理研習課程）第十二版發行人日本產業訓練協會事務局長荻原博與《當責accountability》作者張文隆先生所述，分別加以探討。

首先，在MTP管理研習課程中所述，在組織運作的過程中有四項重要原則，包括控制的幅度（職務意識的形成）、職務認知的整合、命令系統的統一（職務的確定）以及授權（自主與創造的發揮）；而授權方面，任何人都想按照自己的意見進行工作（自我支配的原則）。自己的創意被活用，意見被採納時，參與意願獲得滿足，感到工作有其意義。不僅如此，還會自覺負有完成工作的責任。因此，管理者應授權給部屬，使部屬／成員有發揮自己創意的機會；亦即，應該盡量多給部屬／成員自由發揮的餘地。

而權限的授予需針對三個對等的原則進行包括：

1. 責任（responsibility）：執行責任，應達成一定水準以上之職務內容。
2. 責務（accountability）：結果責任、成果。與執行職務時所獲得的期待結果。
3. 權限（authority）：在職位內推動工作時，對成員可行使的權力。以及執行職務時的自由發揮的空間、自主決定的幅度。

藉由上述的探討結論，MTP所強調的授權是落在「組織運作」的範疇之內。

其次，當責（accountability）這項管理名詞是上個世紀九〇年代後，全球最熱門的企管管理理念，大多數世界級公司都全力推動。作者張文隆先生舉出一個相當生動的案例：杜魯門總統在惶恐中，由副總統的身分接下羅斯福總統職務的重責大任，在理清頭緒之餘，提出一句膾炙人口的名言：「If you can not stand the heat, stay out of the kitchen.」意思是，廚房裏，主廚作菜，煎炒煮炸，刀光火影，火熱無比，如果你不能忍受火熱，就請你退出廚房，一旁涼快去；不要推拖拉扯，抱怨連連；而是要扛起責任，義無反顧勇往直前。成了領導人負起「當責」（Accountability）的最佳註腳與最佳寫照。

當責延伸運用阿喜法則，應用於美、歐大小公司的流程管理、專案管理、產品開發、軟體開發、跨部門／跨國管理，用以釐清角色與責任，又稱「責任圖解」（responsibility charting）（圖10-1）。這種責任圖解涵蓋四種角色、四種不同責任，能有效推動各種活動，其定義如下：

圖10-1a：責任圖解。

Accountable	• 負起最終責任者
Responsible	• 部份完成工作任務者
Consulted	• 提供資訊與支援
Informed	• 行動前後必須被告知者

ＡＲＣＩ的責任圖解如下：（圖10-1b）

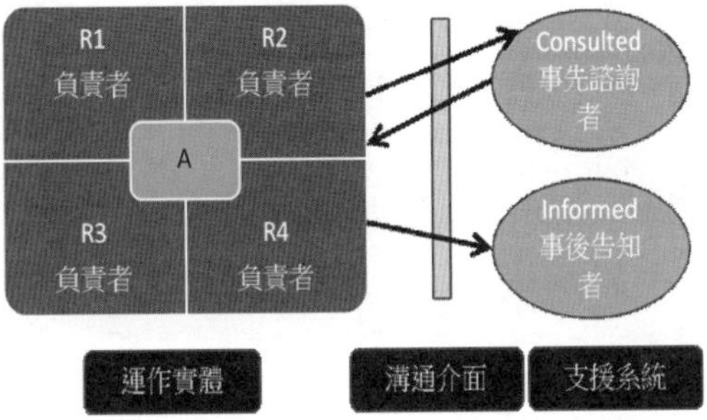

美國「橡樹嶺科學與教育學院」與加州大學一群學者們在提升「政府績效與成果法案」（即GPRA）所做的研究報告中，倡導當責有五個面向：

1. 當責是一種關係（relationship）：是一種雙向溝通（a two-way street），是兩造之間的一種合約，比較不是只對自己的承諾。
2. 當責是成果導向的（results-oriented）：不是只看輸入與產出（inputs andoutputs），更要看成果（out-comes）
3. 當責是需要報告（reporting）：要報告中間進度與完成的成果，或未能完成的成果。
4. 當責重視後果（consequences）：意味著一種義務乃至債務，如不必承擔後果，當責必然失去正當意義。

5. 當責是要改進績效（performance）：當責的目標是要採取行動、改進績效，確定完成任務。

簡言之，兩相差別，清晰立判。

當責的賦權強調組織與專案及專業的範疇之內。

無論是MTP所強調的組織運作授權的三等原則，或是當責所強調，以專案或專業為導向的賦權責任圖與角色界定等，與本書即將探討以服務接觸價值傳遞過程中，引發感動服務因素，所提出的賦權服務文化模式，有相當不同的切入點。

管理學上所提出的賦權主要是強調組織與專案任務的運作，而感動服務所強調的是如何藉由服務行為模式，讓顧客感受到整個服務企業，有相當健全的授權款待顧客的制度，對於觸發顧客感動情緒具有關鍵性的作用。

因此，組織管理賦權績效要求成果為導向，而感動服務的賦權服務文化，其績效焦點則落在顧客的感動情緒上，此部分將有些微的差異；由附圖比較即可明瞭：（圖10-2）

藉由上述的說明，相信讀者應能更加明瞭，管理與服務

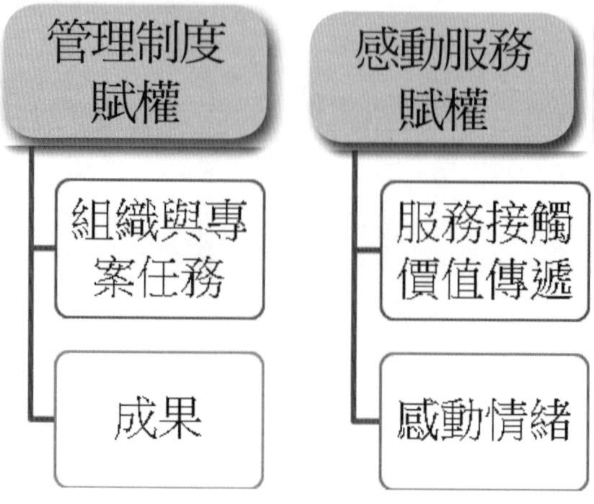

圖10-2：管理賦權與感動服務賦權之差異。

的授權，著重的管理技術與績效焦點有顯著的差異。

服務文化是提升服務行為的基本原則，就實務層面來說，可以分為顯性與隱性知識來區隔；顯性知識的部分，是透過有形可見的規畫，例如企業各項經營策略、流程、規定、章程與工作說明書等，透過正式的文件，以及教育訓練等要求，是可預期且具有規律的實踐企業經營目標。

但是，每一位顧客都是獨特而需求不盡相同的獨立個體，要期待服務者依據顯性知識與技能是無法滿足顧客需求。再以慈濟為例，慈濟人經常「以戒為師，用愛管理」，經常告訴自己什麼不可以做，但是卻不告訴你應該做什麼。而是藉由佛法入心啟發智慧善念共振；《靜思語錄》則在志工執行任務面對困境時，起了關鍵啟發性作用，讓人更有力量朝有意義的人生邁進，例如「人生最大的懲罰是後悔」、「發脾氣是短暫的發瘋」、「用心就是專業」、「屋寬不如心寬」、「對工作認真是正確的，對是非認真則是錯誤的」等等不勝枚舉；王品集團有所謂的「醒獅團計畫」、「海豚哲學」、「三哇方案（第一哇菜色，第二哇美食，第三哇便宜）」等等；亞都麗緻集團則以「每位員工都是主人」、「尊重顧客的獨特性」、「想在顧客前面」、「絕不輕易說不」等等。這些都是服務業或是團體中所著重的行為準則與規範，當行為準則規範具有行動指引的張力時，自然而然就會自動自發的發揮無比創造力的行為價值。

因此，服務文化與價值觀的塑造，將引導隱性知識發揮關鍵作用；服務者透過服務文化的陶治，並於工作中耳濡目染，讓跨部門合作協調自然形成，以滿足顧客為導向的服務氛圍，此種氛圍正是競爭優勢的關鍵。

因此，在服務接觸的過程中，優質服務是透過服務文化所驅動，或許事前顧客早已知道該企業服務文化與服務水平，但顧客在接受服務接觸過程中，將會比對、應證與體驗企業所做的承諾；因此，賦權服務文化具有整體氛圍、價值觀的取向、企業形象的作用，以及對外溝通的模式，這些將會降低顧客消費的知覺風險。

在賦權服務文化的感動因素中，總計有六項感動服務元素，包括授權員工款待顧客、服務時的溝通品質與社交能耐、不惜成本提供服務、使命必達、跨部門團隊合作共識與真誠的道歉等六大感動元素，以下將逐一介紹。

十一二　賦權服務文化感動元素與路徑說明

■授權員工款待顧客

顧客具有個別性的服務需求，因此在服務接觸的過程中，必須適當的調整服務規格，不論是顧客需退換貨的需求、調整服務方式與流程、服務失誤的補救措施或是服務的應對方式等，需要受理服務者直接作出反應。但是業者為避免過度承諾，而提高服務成本，往往將款待顧客的權力交給管理階層人員，此種舉措將影響服務者的專業形象與自信，容易滋生官僚作風，因而使顧客感到不滿；唯有透過明確授予服務者款待顧客需求的權限，方能適當克服。

授權員工款待顧客的產生路徑：（圖10-3）

授權的領域是落在款待顧客的前提下進行設計；企業在經營管理上的授權規畫，上述已闡述過，大體而言分成兩類，組織權限的設計與專案任務授權兩部分；企業為了使決策更有效率，避免冗長的溝通作業，並促進管理者的培育與責任的歸屬，通常會針對行銷、銷售、總務、人事、採購、財務與其他方面的管理制度設定核決權限，針對職務的等級進行規畫設計，職級越高決定的權力越大，可動用的資源越多，任何管理事項與權限均有明確規範；因此，每一個職等的員工看到核決權限表都知道要找誰溝通、找誰審查、找誰核准，非常明確，這一個部分可促進企業指揮系統更有效率，是屬於靜態且長期組織發展制度的設計。

而關於領導者為組織培育部屬，進行的授權指的是，組織運作原則之指揮權、角色扮演、工作任務的指派等等，屬於動態、短期且因人而異。但這二者的規畫與設計大部分是針對企業經營管理的效率或是效能思考，但是，無論企業經

圖10-3：授權原公款待顧客的產生路徑。

營管理的密度再高再精密，最終還是必須創造顧客價值，提供高度顧客滿意的服務，才是有意義。

因此，授權員工款待顧客已經很明確的指出，授權設計的方向是指款待顧客的這個領域上；所以讓員工有權利在顧客反應服務需求、或是服務人員主動偵測到顧客需求時，員工均能第一時間款待顧客相當重要；因此，企業除規畫權限設計與領導者培育授權之外，必須進一步規劃款待顧客授權計畫，內容包括經費、零用金用途、調度相關部門協調權限、跨部門專業的訓練、企業文化行為規範與案例分享等，這些款待顧客的授權計畫一旦啟動，我們所培育的不是企業的領導者，而是服務專家的高手，這才是感動服務元素所定義的授權員工款待顧客的真正用意。

■服務時的溝通品質與社交能耐

此項感動服務元素包含了人員的表達特質、語言的設計、溝通的技巧、溝通的媒介（電子郵件、信件、海報與手冊等）傳遞的過程等，但是要完成溝通能耐的展現，則是透過企業文化與人力資源招募、訓練、任用之政策、服務價值觀與規範方能實現此項元素。服務接觸的過程中，服務者與顧客間透過語言以及非語言的方式進行溝通，以達成服務需求滿足的重要過程；因此，如何有效傾聽顧客需求並作出正確的回應，必須仰賴人力資源管理系統，方能實現此項元素。

服務時的溝通品質與社交能耐的產生路徑：（圖10-4）

此項感動元素分成二個部分說明，首先是溝通品質訴求，其重點在彰顯產品或服務的價值，而社交能耐訴求重點則是拉近顧客間的關係。

首先，我們來探討服務時的溝通品質。我們都有一些經驗，負面的語言會引發負面的感受，例如，有一個笑話正好是這樣的隱喻：有一位牧師看到一位教友在抽菸，於是前往告戒：「在向上帝禱告時抽菸，是很不好的行為！」沒想到這位教友卻理直氣壯的說：「我是在抽菸時還想著向上帝禱告！」牧師聽起來喜出望外，為何同一個處境表達的順序不同，卻引發了不同的感受。

還有一個例子是大家所熟知的成語「朝三暮四」，故事來源出自《莊子•齊物論》。他說有一年碰上糧食欠收，養猴的人對猴子說：「現下糧食不足，必須節制點吃。每天早晨吃三顆桃子，晚上吃四顆怎麼樣？」這群猴子聽了非常生氣，吵吵嚷嚷的說：「太少了！怎麼早晨吃的沒有晚上的多呢？」養猴的人連忙說：「那麼早晨四顆，晚上吃三顆如何？」這群猴子聽了都高興起來，覺得早晨吃的比晚上多，自己已經勝利了。

養猴的人所提出的條件，總體而言都是一樣，但是第二個說法似乎比

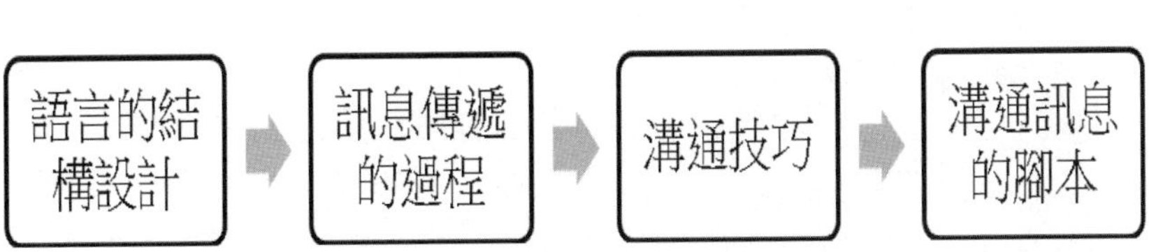

圖10-4：服務時的溝通品質與社交能耐的的產生路徑。

較好些，因此就改變了猴子的好惡；可見語言的表達方式，換個說法效果全然不同。由此可知，語言表達的設計可以凸顯產品的價值，也能披露服務缺陷的聯想，因此任何服務均必須充分的進行語言溝通的設計。

根據醫學的研究指出，良好醫病溝通，療效提高百分之三十五；我們進一步推演一個好的產品解說設計，是否也會提高產品的價值性，我想答案是可以肯定的。商品的陳述性表達在此簡單的分成二種，一種是精確性的語言，另一種是模糊性的語言，如表10-1；試舉例以陳述產品品質而言，採用精確性語言說法，所指的是以產品製造過程的揭露，例如，產品的製造過程總計花費多久的時間，分成三個階段，將近有N道工法才完成的，產品品質相當精良或是已通過某個國際驗證機構的檢驗所展現的卓越品質；類似這種精確性的語言，可以選擇直接用在顧客身上的商品最具有說服力，例如：健康食品、美容用品、醫療用品等等。

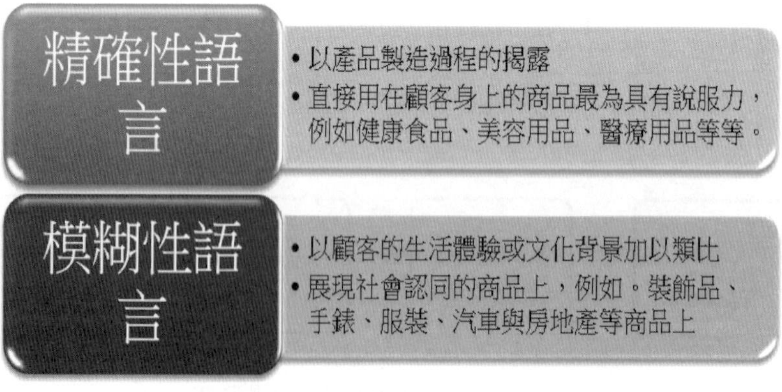

精確性語言	● 以產品製造過程的揭露 ● 直接用在顧客身上的商品最為具有說服力，例如健康食品、美容用品、醫療用品等等。
模糊性語言	● 以顧客的生活體驗或文化背景加以類比 ● 展現社會認同的商品上，例如。裝飾品、手錶、服裝、汽車與房地產等商品上

表10-1：語言陳述的兩種類型。

相對於模糊性的語言，在表達產品的品質方面，將是以顧客的生活體驗或文化背景加以類比，例如這個商品的品質等同鑽石級的水準。這樣的表達方式讓顧客有一個概括性的認知，這種模糊性的語言在溝通方面有相當大的幫助；而此種模糊性的語言可以用在展現社會認同的商品上，例如：裝飾品、手錶、服裝、汽車與房地產等商品上。但這些表達方式乃使用簡單的分類，還需根據不同的商品、不同的情境加以規畫，並針對我們想彰顯的價值與避免顧客往負面思考的部分，詳加的考量；同時，表達者的聲調與表達的速度與方式都須精心設計，這才能夠符合感動服務溝通品質的效果。

接著探討社交能耐；社交能耐在服務接觸的過程中，主要的目的是建立顧客與服務、銷售人員、品牌間的關係；例如，在服務過程中，我們希望以最親切與溫暖的用詞與顧客建立關係，例如在服務或問候顧客時、祝福顧客時、寒喧時、閒聊時、詢問顧客對於服務的建議時與顧客交換意見時等等，當顧客和服務人員雙方的互動節奏愈趨一致，雙方會更加的輕鬆愉悅，關係愈加緊密，這在促進服務接觸的品質上相當重要，因此和顧客問候的方式與聊天的話題也應該要進行設計；例如，汽車銷售中心，每次顧客前往看車時，銷售人員的開場白通常是：「您要看車嗎？這是我的名片。」當然，不然來看裝潢嗎？或是餐廳的服務人員看到顧客，第一時間的問候大部分都是用餐嗎？當然啦！不然來餐廳逛街！這種虛的開場白要盡量避免。

服務的過程中，和顧客閒聊是一項相當重要的議題，有時閒聊可以增進顧客關係，有時不小心造成社交的窘境，但是閒聊這項社會功能具有高度的價值，因為根據心理學的研究，人的閒聊（gossip）等於是動物的梳理（grooming）行為，它是示好、結盟的意思。閒聊可以讓雙方放鬆，釋放腦內啡進入血管，腦內啡會讓心情愉快，閒聊（梳理）可以讓身心舒暢，所以閒聊的能耐是具有相當大的功能。我們也輕易的可以觀察到，無論雜誌或新聞報導八卦的消息佔的比率相當的高，甚至有些雜誌就是為著八卦的價值而存在，因為它提供了閒聊的素材，開啟人們輕鬆社交的大門，因為我們不可能無時無刻都在探討，人生存在意義理由為何，這話題太過嚴肅，所以我們需要休憩一下，多點呼吸的空間，讓人們在最放鬆的情況下增進彼此的信賴感。以下列舉適合閒聊與應當避免的話題供讀者參考：（表10-2）

閒聊話題	避免話題
氣候	顧客隱私
交通	政治話題
健康流行話題	宗教
健康知識	黃色笑話
學校孩子的教育	特定性社會議題
運動比賽	八卦（娛樂／政治）
電影	公司內部問題
觀光旅遊	

表10-2：與顧客閒聊的話題。

因此，在社交的能耐上，每一段的對話設計，最好是與顧客建立關係方面有關，例如：問安、我來幫您準備、您請坐一下，我馬上為您安排、稱呼對方姓氏、問候節慶快樂，這個送給您等等，這些都是必須要精心設計才能讓顧客產生美好的感覺。

■不惜成本提供服務

隨著顧客消費目的及需求不同，顧客也期待不同的服務體驗；業者提供規格化的服務體驗以降低成本，當顧客產生額外需求時，業者不是說服顧客打消念頭，就是額外付費，不然就是遭到拒絕；因此，有些企業管理決策以成本為導向，而非滿足顧客需求為導向；反觀某些企業的獲利模式，專注在提供有價值的顧客服務，甚至讓顧客感到感動的服務，最終績效將反映在獲益上。

不惜成本提供服務的產生路徑：（圖10-5）

此項感動元素最讓領導階層感到緊張，因為不惜成本提供服務，代表著利潤的縮減、也代表著過度款待更是浪費的病毒，所以這個元素是被議論最多的一項。其實所謂的感動服務元素，如前所述是顧客接受服務後所產生的感受評價，並非管理上的手段或是工具；因此，所謂的不惜成本的提供服務，以服務提供者的立場而

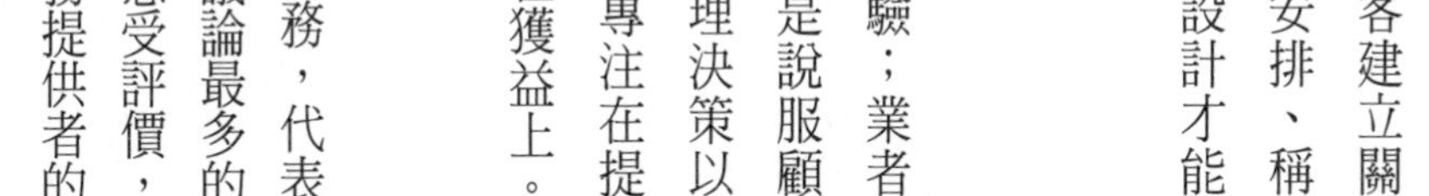

圖10-5：不惜成本提供服務的產生路徑。

言，應該是不惜資源的提供服務，因為成本在會計的計價單位是金額，站在經濟學立場而言，能創造價值的都稱為資源，由此推論資源可以是物品、人力、創新精神、時間、員工私人的人脈關係、提供充足的資訊、服務態度與各項工程的配合，當然也包括貨幣等，因此對於感動服務的呈現，應該以可運用的資源來思考，比較不會落入緊張的狀態，也不會誤導服務人員和管理階層運用此項感動元素的誤解。

有一則案例是這樣發生的：飯店的服務人員很擔心在棒球場那些正在淋雨的客人。他們緊急開會，大家腦力激盪，看看該怎麼做，才能照顧好那些可能淋成落湯雞的客人。洗衣部準備一百條毛巾，會議部門和特別活動小組則聯絡在球場的會展人員，進行搶救計畫。櫃台接待人員則聯絡巴士司機，確定他們的車停在球場外那四百輛車陣中的位置。客服小組坐上飯店接駁車，帶著疊好的熱毛巾，而餐飲小組也帶著點心，開車前往球場。比賽結束後，客人就發現，有著熟悉的飯店標誌的熱毛巾已經疊好放在巴士座椅上等著他們。在飯店外面，公關、客服、宴會小組成員已經拿著飯店的大傘等著迎接他們，並引導他們進入飯店。飯店的員工帶著笑臉，歡迎客人回到溫暖、放鬆、乾爽的環境，還奉上巧克力和咖啡。（故事取自The Ritz-Carlton Hotel Company）

以上述的案例引伸討論：提供如此的服務，費用應該很高吧！讓我們來仔細的算一下所有需要動用到的費用項目，包括毛巾洗滌、點心、巧克力和咖啡，以故事中所提到的這些項目計算，每名顧客約需一百～一百二十元新台幣的費用，就能締造顧客永生難忘的感動服務。故事發生的過程中，除了會產生費用的資源外，更多的是集體開會腦力激盪、準備工作、動員人力、等候迎接員工的熱情笑臉，而這些資源的運用正是感動服務最具張力與核心的資源，而運用費用產生的資源來提供感動服務的資源，卻成為附屬的工具。

不惜成本的提供服務與授權員工款待顧客的元素，具有先後次序，授權員工款待顧客的原則與制度訂定之後，不惜成本的提供服務就有所依據，這樣就不致於造成失控的現象。上述說明對於領導階層應該就能夠充分理解，不惜成本的提供服務如何進行，才不會導致經營成本的提高。

■使命必達

使命應是企業對內以及對於顧客公開性的承諾，是經營者重要的能耐。服務提供者能以高度體驗品質使命為依歸，盡力達成滿足顧客情境體驗品質，將是感動顧客的重要因素之一。

使命必達的產生路徑：（圖10-6）

此項感動元素是最具有影響力的感動元素之一，因為它的語言充滿了行動的指引，能讓顧客感受到這家企業真的是有使命必達的精神，是值得信賴的企業；而使命必達的內涵也是相當的廣泛；企業經營的使命，是指組織的存在是為了完成某些事物，所以企業使命其特定的任務或目的，在企業成立之初應該非常的清晰，例如

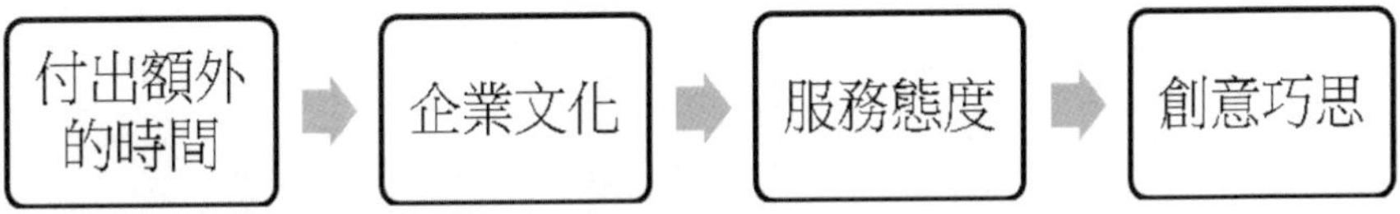

圖10-6：使命必達的產生路徑。

彼得杜拉克所提出的經典的問題。我們是甚麼樣的事業？誰是我們的顧客？我們能對顧客提供什麼樣的價值？我們的事業將何去何從？我們的事業將來應變成如何？為了回答這些問題，組織會發展製作任務說明書，使所有與企業接觸的成員均能明瞭企業努力的方針，例如eBay的企業使命是：「我們協助地球上的人們從事任何東西的交易，我們將持續地為所有的人提升他們線上交易的經驗。」我想這是一個企業經營使命典型的案例。

曾經有一則使命必達的服務故事：有一位到台北演講的大學教授，忘了自己把演講資料和老花眼鏡留在客房就離開了，直到搭高鐵回高雄途中才意識到重要東西忘了拿。想要用傳真機傳送資料，又擔心內容曝光；利用快遞寄送，又來不及當天傍晚在高雄那場演講使用。客房清潔人員了解情況之後，立刻趕搭高鐵，親自把資料和眼鏡帶到高雄站遞給那位教授。這個舉動不但讓教授感動萬分，也讓當天演講圓滿收場。當然，也讓那位教授成為飯店的忠實顧客。

但是，在感動服務的領域中所探討，這些服務行為讓顧客感受到使命必達的價值，例如企業服務的傳統文化信條，例如我們是一群紳士淑女在服務另一群紳士淑女、絕不輕易說不等這些具有服務行為指引的張力所影響，在服務接觸過程中，顧客最直接的體驗與感受；所以服務業重視服務人員行為規範的基準，這些基準形成所有成員集體共識，在標準化服務作業的過程中，成為員工們內在行為指引般的作用，同時當面臨企業利潤與使命價值衝突時，成為討論的最高指導原則。因此，感動服務的各種元素會如此深入的探討，主要是避免閱讀者落在文字的想像中，造成執行感動元素的偏離作用，因此必須詳加解釋與說明，才能使感動服務元素發揮得更有創造力。

■跨部門團隊合作共識

讓所有全體員工包括直接面對顧客的服務者、間接面對顧客的服務支援者，以及無需面對顧客的服務協助者，均具有「顧客意識」，即直接面對顧客服務的職責態度，如此透過整個團隊的合作展現服務，顧客將備感尊寵。

高度服務接觸業必須展現專業的服務能力，因此採取分工合作的規畫；分工體系的特色在於運用員工熟絡的技能、經驗、知識與相關的特質，為顧客提供最佳的問題解決方案；但是，當顧客的需求必須透過上下游流程或跨單位的合作才能完成時，常造成本位主義的狀況發生；同時，服務支援者往往無法體會服務者面對顧客彈性需求的處境，造成團體合作障礙；因此，如何讓所有全體員工均有「顧客意識」跨部門合作的組織風氣就自然形成。

跨部門團隊合作共識的產生路徑：（圖10-7）

圖10-7：跨部門團隊合作共識的產生路徑。

使所有員工皆有顧客的意識是一件非常不簡單的任務，最重要的起始點，員工需要高度的工作滿意度，才能誘發員工從事顧客滿意相關的服務行為；倘若員工每天上班愁眉苦臉，與上司相處不睦，員工花在應付上司與上班緊張氛圍的心力，就無法關注顧客的任何需求；同時，因分工不代表會通力合作，反而是本位主義各自為政，同仁們擔心顧客抱怨發生在自己工作的環節上，所以經常推諉責任，這種現象只會加深企業的疏離感，無法實踐顧客滿意，更不用說完成感動的服務。

團隊的合作需要高度的默契，除了在自己的專業領域當中需要相當熟練外，對於流程中各部門相關的業務也須具有基本的認識；由於飯店業分工相當的精細，因此某些飯店規定，主管報到時並不急著讓主管馬上從事自己應徵職務，而是安排跨部門專業的訓練。半年之後，接受培育者對於各部門工作熟悉了，對於各單位主要的執行者也建立起情感，更能了解企業文化在公司內各個角落發揮作用，當受培育者回到自己的工作崗位更能駕輕就熟，甚至遇到難題，各單位都會全力協助，對於受培育者在執行份內職務時，更具備同理心；這樣的企業氛圍，對於顧客滿意度而言，具有高度的關鍵作用。

但是團隊的合作默契建立之後，緊接著執行服務的態度，是跨部門團隊合作良觚重要的線索，因此團隊合作在運作時，所有成員以熱忱的態度關注顧客展現服務行為，不慌不忙優雅的完成任務，這樣的跨部門團隊合作的感動元素才能創造最大的價值。

■真誠的道歉

主要是服務失誤後的補救，是比不上事前的預防。服務失誤發生後，良好的補救措施雖無法使顧客感動，但是對於顧客的忠誠度卻會呈顯著關係，代表著補救措施與真誠的執行態度對於忠誠度也是重要關鍵因素。

一則真誠道歉的案例：飯店的主管在巡視各餐廳服務時，剛好看到熟識的貴賓，因此上前自我介紹交換名片，就在這個時候客人不小心打翻了餐桌上的果汁，弄髒了其中一位女性客人的衣服。這時飯店的主管拼命地道歉，並用乾淨的毛巾擦拭，還是留下了一些污漬。主管非常苦惱，於是對朋友的客人說：「如果您不趕時間的話，請您到我們的客房休息，我馬上將您的衣服送洗清理。」然後帶客人到客房，並準備飲料，請客人更換睡衣。過了二個小時，主管和客房總監一起將洗好的衣服送到客房，兩個人又再次慎重地向客人道歉。客人對我說：「請您不要客氣，謝謝你們讓我可以在這麼棒的房間，享受這麼好的時光。能夠做到這樣，已經很夠了。」客人對兩位主管說：「您的飯店要加油喔！您的努力與負責，我不會忘記的。」（故事取自The Ritz-Carlton Hotel Company）

上述六大感動服務元素是詮釋賦權服務文化的架構，這些元素可供企業界，在形塑「賦權服務文化」時最佳的關鍵因素。

感動服務問題討論便利貼

1. 顧客接受服務過程中，會產生哪些延伸性需求？
2. 組織中各單位於服務顧客時，是否能有效順利接軌，讓顧客感到整體熱情的服務？
3. 組織是否設計服務團隊之隊形，關注顧客使顧客感到賓至如歸的感覺？

第十一堂課 文化創意表演藝術與感動服務間的關係

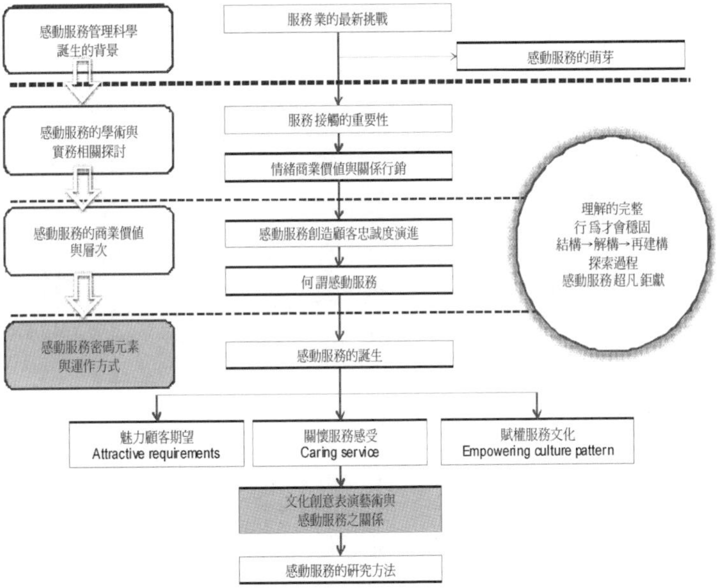

我們常常會使用「情境」這一個意義，
來說明我們自己和他人之間的「內在變化性」。

— 山謬爾・馬林 by SamuelB.Mallin —

文化創意是台灣最佳的軟實力，保留了歷史、文化、藝術的精髓，我們這塊土地滋養流著高度創意素養的血液，加上台灣人特有的打拼血統，這樣的新人類將文化有創意的灌注到商品，再造與創新並加以產業化，攪動著第四波的經濟力──體驗經濟。

現在文化創意產業進一步地影響我們的生活，舉凡大型活動的慶典到個人的生日慶賀，社區總體營造到生活環境的裝飾，全都仰仗結合創意、美學、文化與藝術等元素，讓整個經濟脈動活潑了起來；我們現在所握有的手機、配飾、服裝到手提包，或是生活家飾器皿等，信手拈來都是文化創意產品下的展示舞台；就像禮物已經不再挑選僅具有功能性的商品，我們更期盼收到禮物時除了歡喜和驚喜之外，還必須要有驚嘆的效果，這個驚嘆可能來自於設計、工藝、巧思、故事、美學甚至有收藏的價值。

根據作者郭士榛先生所著《文創薈萃》文中所述，「文創」近年來成了眾人侃侃而談的顯學；文創產業確實已崛起為一大新興產業，其中英國排名為第一；在美國是第二大順位的產業；日本則已有五兆產值，超越鋼鐵；至於中國大陸業已具有一千多億的身價。然而文化和創意如何搭上線？又如何交融出經濟價值？例如，法藍瓷的作品，定位為收藏級的禮品，這是一種矛盾，因為一般人的見解，禮品應該是便宜而且是模組化大量生產，怎麼會具有收藏價值呢？況且應是具稀有性的工藝作品才值得收藏，法藍瓷卻能獨具慧眼，將這種矛盾巧妙化解，邁向國際化舞台，真是令人佩服。

《文創薈萃》談到「創意產業」的概念，源於一九九四年由澳大利亞政府在其文化政策白皮書《創藝之國》（creative nation）中明確指出：「由文化創造財富的經濟導向，強調對大眾的教育、藝文欣賞人口的培植，以及協助創意產業出口的重要性。」英國是全球最早提出「文化創意產業」概念，也是全世界最擅長運用創意產業的國家，一九九七年英國首相布萊爾（Tony Blair）籌設「創意產業籌備小組」，於一九九八年提出第一份「創意產業」報告。在科技創新之外，英國同時也在思考如何重新包裝傳統的文化藝術，賦予新的相貌與內涵；二〇〇一年選定十三個創意產業，產值高達一千一百二十五億英磅，並創造一百三十二萬的就業人口，此成功範例廣為人知。新加坡則在一九九八年制定「創意新加坡計畫」，二〇〇二年又明確提出要把新加坡建設成全球的文化和設計中心、全球的媒體中心。

台灣文化創意產業的發展，始於二〇〇二年政府將「文化創意產業發展計畫」納入「挑戰二〇〇八：國家發展重點計畫（二〇〇二～二〇〇七年）」，積極以產業鏈的概念形態，重新定義文化產業的價值，期望能開拓創意領域，結合人文與經濟，以發展兼顧文化積累與經濟效益的產業。參酌各國對文化產業或創意產業的定義，以及台灣產業發展的特殊性，「挑戰二〇〇八：國家發展重點計畫」中將之定義為：「文化創意產業係指源自創意或文化積累，透過智慧財產的形成運用，具有創造財富與就業機會潛力，並促進整體生活環境提升的行業。」此外，政府亦將文化創意產業分為創意生活、攤位休閒娛樂、時尚、設計、廣告、建築、出版、廣播電視、電影、視覺藝術、音樂及表演藝術、工藝、文化展演設施等十三個產業範疇。文建會更於二〇一〇年初全力推動文化創意產業發展法，並經立法院通過，年中完成訂定十三條子法，讓台灣正式邁入「文化創意產業」競爭時代。這一股潮流正是感動服務伸展的舞台；也只有感動服務才是圓滿文化創意產業重要的影響力。

我們運用感動服務的方案催化美學藝術媒介，並探討美學藝術領域與感動服務之間，共同相似之處，互為表裡、相互運用與交流，讓感動服務更添璀璨豐富的價值感。本書將以十二種的藝術形式來探討感動服務。

展覽

參觀各種藝術展覽，可以發現一連串情境營造的規劃，舉凡旗幟、票券、海報等等展現該名藝術家最具經典的作品，充當傳播溝通的焦點，好讓參觀的民眾，能夠有一個視覺的印象，引領我們進入藝術家的堂奧。

進入展覽廳無一例外的，我們會看到一個展覽會的主牆面，主辦單位越來越能

展覽 觀點分享

• 一場展覽能萃取藝術家顛峰之作，讓參觀者留下一個感動的畫面，以及對於傳達藝術家的背後故事所做的努力，在服務行銷的領域當中如何溝通服務產品的核心價值，是可以當作一個相當有價值的參考。

掌握參觀者喜歡在此拍照的需求，因為展覽場當中是不准拍照；進入展覽會場內，展覽廳會呈現一句發人深省的話、各藝術家對該名展覽者的評價、生平歷史或是照片等等，讓我們能領略總覽這位藝術家創作的背景，或更深一層的了解這位藝術家的地位與貢獻。

除此之外，展覽會場也會貼心的安排固定導覽時間、預約團體導覽、導覽器材租借、場內影片簡介、發行導覽手冊等等，甚至會安排互動區域讓參觀者和藝術家有更深一層接觸；最後，當我們即將離開展覽場時，文化創意產業開始登場，一系列藝術作品與商品結合的禮品展售區域，琳瑯滿目商品目不暇給，不過這文化創意商品似乎不怎麼有創意，大體上商品的開發都是直接把藝術家所創作的作品直接印在商品上，例如：資料夾、馬可杯、絲巾、滑鼠墊、杯墊、信拆、T恤、包包、鉛筆盒與畫布等等，似乎沒什麼創意，經常使我沒什麼購買意願，頂多買個畫冊，真是可惜！如果能開發出生活藝術禮品，結合藝術家的概念，我想會更受歡迎吧！

芭蕾舞

芭蕾舞是一個優美的舞蹈藝術形式，穿著緊身的服裝，彰顯舞者經過千錘

芭蕾舞 觀點分享

• 表演式的服務技能(注重傳遞價值的重要性例如，展現商品和新價值時，或是代為保管顧客本身物品時；再配合節奏與氛圍的塑造)，以專業化的訓練，並以優雅的姿態展現服務的價值(省卻不必要的服務動作就會展現優雅的氣質)；同時，配合表情與神韻的運作能讓顧客體驗核心服務的價值。

百鍊的訓練，肌肉線條達到極致的曲線，肢體躍動與旋轉更是輕盈而優雅，尤其是舞者向上提拉的獨特舞姿，僅用腳尖形成支點，又能讓身體達到平衡的狀態，是一種了不起的訓練，更有學者將這種向上提拉的線條，與為了更接近上帝，朝向天際線延伸的歌德式建築直聳線條相比擬，真是形容的貼切。

我曾以為這樣的舞姿應該不困難，沒想到身體一斜，差點沒扭傷腳踝，這種僅用腳尖支撐身體的重量，演出輕盈的舞姿，真是高難度的挑戰，更不用說配合悠揚的樂曲、劇情的起伏與舞者的表演天分了。最近更有中國的舞者夫妻檔演出，女主角將男主角的肩膀當作舞台，同樣以腳尖支撐舞動芭蕾，難度更是驚人！

而此次台灣來了一位國際級大師，喬治亞共和國的安娜妮娜，演出芭蕾舞名劇「天鵝湖」，單看她節目單的劇照，觀眾就已經被收服，優雅極致的舞姿不在話下，那種瞬間憂鬱神情與天鵝湖戲碼運景到關鍵時刻，受了詛咒似的表情和極致的肢體舞出亙古傳奇。

國樂交響樂

您是否曾經聽過，鄰居在舉辦喪事或於出殯時才用得上的樂器——嗩吶，這個樂器一旦發出聲響，著實會讓人感到不自在，所以我經常將這種樂器稱之

國樂交響樂 觀點分享	•突破一般消費的認知，並以更傑出的表現形式或變換展示場域，提高其藝術形式，方能讓顧客留下深刻的體驗感受。

為「死人樂器」；但是，曾幾何時我卻被嗩吶高亢的聲音與堅定的力量所收服，在國家音樂廳一場音樂表演當中，嗩吶莊嚴的擄獲觀眾的心思，萬萬沒想到街頭巷尾人人避之唯恐不及的聲音，進入國家音樂廳，在悠揚的國樂樂曲當中，昂首展現一夫當關、萬夫莫敵的雄壯氣勢，吹奏者站上表演的舞台上，那種陶醉的自信神情相當的獨特，有種苦盡甘來、登峰造極之姿。

表演之時，時而單把吹奏，時而雙把吹奏，交替輪換，演奏技術高超絕倫、相當逗趣，讓我對嗩吶的觀感，產生一百八十度的翻轉。演奏會結束後，我還經常在心中迴盪起嗩吶精彩絕倫、意志昂揚的聲響，同時，我還會不經意的去尋找這種聲音，激勵自己勇往直前、毫不畏懼。真是一流的體驗！

鋼琴獨奏會

鋼琴獨奏會是一個技冠群倫的音樂家，在獨奏會當中吸引全場爆滿觀眾的目光，是功力最極致的表現。一個人的演奏、一台鋼琴，多麼孤寂的畫面。但是，一個優秀的音樂家，除了精準的將曲目完整演繹，也必須不著痕跡地將樂曲的精髓，透過演奏者的人生體驗，用一種優雅如行雲流水般的手法重新詮釋。

鋼琴獨奏會觀點分享

• 或許，觀眾認為獨奏會的關鍵時刻是在演出曲目之時，在這場演出中，我體會到了關鍵時刻，是來自觀眾自己的靜默與迎接音樂藝術，打開高度感官與空靈的心境，以便承載更豐富的藝術音樂饗宴。

我觀賞過一個非常具有高度體驗和感動的鋼琴獨奏會，它是這樣開始的，國家音樂廳在開演前會有一段廣播藉以提醒觀眾，配合關機和請勿拍照的相關事項，隨後燈光會忽明忽暗二、三次，現場觀眾席的燈光熄滅，舞台燈光全部亮起，等待著演奏者進場。一般而言，就我的觀賞音樂表演的經驗，大約三十秒至一分鐘之後，演奏者會自後台走向舞台，但是我觀賞的這場演奏者足足讓觀眾等了將近三分鐘，此時，觀眾有些躁動，我則細心體會這個等待時間，心境的轉折。

首先，我合理疑慮後場的演奏者與工作人員是否在協調演出問題，才會如此拖延出場時間，接著我開始聯想到演奏者在後場禱告祈求演出成功的畫面，也或是演奏者和作曲者進行精神上的溝通儀式；最後，我體會到演奏者希望帶給觀眾們自行安頓的時間；因為所有的觀眾，均來自四面八方進入演奏廳，外面的大千世界充滿各種干擾觀賞藝術表演的力量，例如，塞車、停車不便、剛用完晚餐、工作、購物、待辦事情、聽完演奏要做什麼事、洗衣服與打掃環境……等等，這段等待的時間可以讓觀眾安穩下來。

接下來演奏者出場這時的掌聲，我可感受出來觀眾是帶著崇敬的心境，聆聽一場藝術饗宴；原來這段等待時間，不是等待演奏者，而是等待觀眾心境的安頓，以便打開更敏銳的感官以迎接永恆藝術的音樂獨奏饗宴，原來「靜默」是那麼的重要！

歌劇

歌劇一向是最令西方世界心神嚮往的一項表演藝術活動，無論是演唱型的歌劇，或是舞台表演型的歌劇，其內容都是具有撩動人心的劇情，以及闡述現實生活中人性真相的表白，那劇情與樂曲巧妙的搭配，高亢而驚心動魄的詠嘆調，足以唱出靈魂的聲音。

今年鈴木忠志這位日本表演藝術大師，最新力作「茶花女」，以大膽而前衛的運用台灣地區流行的民間樂曲，將法國巴黎歡場女子與上流社會的年輕男子，一段淒美愛情悲劇的戲碼，嵌入從我們的土地孕育出民間最經典的曲目，萃取一百首當中最適合的旋律，完全不考慮台灣地區民眾慣用樂曲搭配的習慣性場域，而將威爾第最負盛名的一齣歌劇巧妙融入劇情當中，唱出這塊土地特有的情感，例如歌劇當中的飲酒歌換成愛拚才會贏、綠島小夜曲、小城故事等等膾炙人口的民間樂曲。

此種藝術的創作果然讓我們的觀眾耳目一新，雖然褒貶不一，但我還是給與鈴木忠志高度的肯定，如此東西方文化衝擊，使我們體驗到愛情、忌妒、瞋恨與自私等這些人類共有的情感，無論是在哪一個社會與文化之下，似乎都是如出一轍，只

歌劇 觀點分享	•膾炙人口，舊瓶新裝，貼近生活，引發共鳴，大膽啟用，誘發情感。

是人名、時代、地點不同而已，真是發人深省！

京劇

京劇也是一個具有張力的表演戲劇藝術，無論是故事背景、戲服、角色、化妝、道具、家具、舞台設計以及樂曲等等，堪稱是一流的藝術表演形式；那唱腔唱出千年的哀愁，也唱出悲憤的遭遇與困境，時而兵臨城下，箭在弦上，驚心動魄，時而愛戀不捨，淒美動人，鶼鰈情深；這些感受都在一個小小的舞台上展露無遺。色彩的斑斕無比，肢體詮釋出角色鮮明的戲分，無論是花旦、小生、武生或丑角，任何一個角色都有專屬的肢體動作，行為相當鮮明。而且家具的擺放位置巧妙的令人拍案叫絕，假如是正式廳堂準備接見重要訪客，那鐵定是一桌二椅正對觀眾；假如是寢內父母與子女的對話，則椅子是一前一後；如果是夫妻對話則把一桌二椅往觀眾席靠近，如此簡單的移動，卻造就出不同的情境，真是巧妙無比！

另外，就如經典名劇——霸王別姬、趙氏孤兒、四郎探母、水滸傳，這些歷史經典劇，具教育、政治、娛樂與道德故事，擁有最關鍵的亮相時刻。這正是劇情表演精采之處，也是感動觀眾最佳的時刻，何時是最高潮的戲碼準備演

京劇 觀點分享	•經典橋段的設計，出場與關鍵時刻亮相的安排，家具擺放具有舞台戲劇化的效果，每個服務場景的規畫均考量到互動的特色等。

出，觀眾都能從劇情的安排與演員的肢體表演中，可以觀測得出，這是一個懂得引導觀眾何時鼓掌的最友善戲碼，這樣的經典劇傳頌千年，正是口碑行銷最佳的典範。

現代舞

舞蹈的表演一直是相當吸引人的表演藝術。結合了藝術家對社會、時空的反思，或是緬懷古典文學為題材所進行的創作，以肢體語言傳遞的藝術形式，展現出編舞者的企圖心。

舞蹈原本是生活的一部分。我們經常會在重要慶典儀式、廟會、宗教或是五穀豐收、或對於大自然神祕的力量產生敬畏，藉由儀式性的活動，讓人們能夠進入、並且與神明產生溝通的關係。以古代文學的最高經典——屈原之作《九歌》而言，原為楚地生民對於大自然神祕力量的敬畏，所進行的儀式性活動；在儀式進行時，表演者口中念念有詞的內容，藉由屈原這位偉大而浪漫的詩人加以編撰，使得《九歌》以中國古典文學中，最具經典的代表作之姿態傳頌千年。

藉由雲門舞集的林懷民老師，以全新的表演藝術形式，將《九歌》以現代藝術與時空背景的國際事件融入整場演出，讓人驚艷，全場嘆為觀止！這種

現代舞
觀點分享

•服務表演的肢體節奏與音樂的節奏可以用心搭配；服務者對於所服務的角色要能充分的投入；文化主題的選取與重新理解給予最佳創新的詮釋。

表演藝術除了題材深具挑戰性之外，包含服裝的考究、場景的設計、音樂的選擇、道具的創作、面具的設計、舞者的修練與肢體語言的綻放等，不斷考驗著編舞者創作的功力。同時，舞蹈家那種幾近自我催眠的演出，對於角色的融入，無論是歇斯底里、神靈降臨、人神交媾、愛情的哀怨、對於亡靈的追思、千百年來戰死沙場的戰士首身離兮，以及對於亡靈的祝福，都是舞者必須要全然的融入，那種體力枯竭般的震盪，讓整場表演感動得莫名！

相聲

現代的相聲說唱藝術，從肢體與場景、說唱與表演、道統與現代感，一次性的解放，劇情內容扣緊當代時勢，反映當代政治與人物、日常生活節奏與內涵，以及「科技」這個時代經濟下的產物，配以幽默而深具中國文學的精微辭彙，讓台下的觀眾會心一笑，乃至於瘋狂大笑！這相聲藝術果然帶動新一波的顧客群進入國家劇院，觀賞一齣齣扣人心弦，精彩絕倫，笑聲不斷的傳統與現代化藝術表演。

光是題材的選取就相當耐人尋味，那種幾近企業識別的、系統品牌化的行銷，就讓人回味無窮：〈那一夜說相聲〉、〈這一夜說相聲〉、〈台灣怪

相聲 觀點分享	•服務語言的對話要精心設計，根據不同的場景與互動的腳本設計互動語言，並於服務語言當中設計幽默元素。

譚〉、〈那一夜在旅途中說相聲〉等等，創造了一連串「一夜系列」為主的相聲表演藝術，似乎是一種品牌延伸的概念，「一夜系列」變成當代人對於相聲的另一個代名詞，如同便利商店、速食店等等，都會以某種知名的企業名稱加以替代，具有強大宣傳效益與票房保證。

而舞台背景與演員的穿著不再是傳統的長袍馬褂、一張桌子、二張椅子了事，而是結合舞台設計與裝飾性美學，結合燈光的戲劇性效果與聲光多媒體的展演，效果性十足；演員的穿著多了份時尚感，配合劇情與角色的扮演，服裝的搭配更顯得具有說服力。

也因此，這樣綜合性的規畫與行銷，讓傳統藝術相聲有了起死回生的爆發力。老祖宗所創造的表演藝術傳承到當代，新生代的藝術家重新演繹，才是傳承前輩的經典藝術、展現無比的敬重與緬懷的傳承使命；傳統藝術盼望的是，重新解構現代化的相聲，能以當代人的觀點演活了傳統藝術的精髓，讓我們以當代的語言與老祖宗進行一場神乎其技、穿越時空的溝通，使得傳統藝術重新復活，這才是新生代藝術家最重要的課題！

舞台音樂劇

舞台音樂劇的演出就像是運動場上的十項全能，或是體操運動項目的全能運動一樣，是多項藝術能力的總和體，是藝術全能型的表演項目；根據劇情演出的需要，巧妙的運用舞台三度空間的布景與建築道具的設計，表演時往往僅運用三百六十度其中一個場景面向，即能傳達出情境的氛圍，而且在短短三十秒之內即時完成場景的轉換，和變魔術沒甚麼兩樣。

以〈渭水春風〉這個大型音樂舞台劇來說，一開場就讓人回到堪稱台灣國父的蔣渭水逝世五十週年媒體記者採訪的場景，這第一幕就讓人感動落淚，一個為蔣渭水出家將近五十年的「陳甜」在建築場景慈雲寺二樓尼姑庵站立背對觀眾，曾經有人問：「在蔣渭水四十一歲辭世之後，陳甜女士為何不改嫁呢？」陳甜女士回答：「有誰比蔣渭水偉大，我就嫁給他！」真是相當令人欽佩。而一樓，眾家記者蜂擁疾至，政府高官一一慰問悼念，「陳甜」始終謝絕訪客。當記者在建築物樓下進行連線採訪結束之後，場景立刻回復到將近五、六十年前大稻埕繁華景象：台下的觀眾從一開場的悼念追憶感傷的情緒，立刻被帶回到歷史繁華的原始場景，這個功力比劉謙的魔術有過之而無不及呀！

演員更是整場的靈魂人物，從唱腔的聲音品質、舞蹈表演、演員走位、演技、到情緒的融入，真是讓人驚艷；因為整場表演大約有二小時的時間，歌曲的連接性與台詞的背誦，那種超乎常人的記憶力、維妙維肖的演出，令人嘆為觀止。

舞台音樂劇
觀點分享

•服務人員對於服務專業技能與知識理解之外，對於所訴求文化主題的內涵亦能深入，如此才能有完整的服務展現。

不僅如此，尤其是歷史或是傳奇人物音樂劇的表演，歷史考證更是一絕。導演真是做足了功課，無論是當時媒體的報導、影像、服裝、道具、對白，甚至演員的代表性更須要加以考究，讓觀眾能一窺偉大的歷史事件，偉大的人物重回歷史的現場，以全新的觀點體驗振奮人心的歷史時刻，啟發觀眾對於歷史的理解，更能珍惜前人以血淚所打下的基礎，有效傳承、珍惜擁有。短短的二個小時表演，卻能掌握台灣國父蔣渭水傳奇一生的精髓，這種表演真是藝術全能的表現。

茶會

早期的人們生活的節奏是隨著節慶與節氣在醞釀、調整、準備、儀式、祭祀與慶賀；對於現代人而言，農民曆與生活幾乎是完全脫鉤，更別想像一年二十四個節氣與生活的關聯性。一年當中，我們較熟悉的節日大概是農曆春節、元宵節、情人節與七夕情人節、清明節、端午節、父親節、母親節、中秋節、耶誕節、跨年活動等等，但是最需要花心思的應該是情人節，這是女性接受男性朋友最高規格款待的日子，對於男性而言則是創意與實力展現的最佳舞台。元宵節對於一般民眾而言，其慶祝的節目大概是煮湯圓、提燈籠慶元宵，但是對於一個茶人而言卻是相當慎重的日子，一場名為「戲元宵」的茶會隆重

茶會 觀點分享	•注重生活節氣的安排，精心規畫迎賓接待，一個開始為消費者做好服務接觸的心理準備，順利讓顧客扮演身為顧客的角色，讓整場服務體驗盡善盡美。

登場。

茶會的賓客規定穿著深色系的服裝，這是為了統一視覺定靜而規定，夏季穿著淡色系衣服，冬季穿著深色系的衣服，這樣才不會讓整個茶會五顏六色、眼花撩亂。進入會場時，賓客不似參加喜宴般的社交應酬、拼命說話，反到是各自面對自己，縮小自己輕聲細語，大家僅用眼神與小範圍的活動打招呼。而看到席上的茶人端坐在席上，精心設置的茶席，烘托出茶人的氣息，更是被茶人的藝術特質所震攝，因此賓客已被收服、敬座一隅，扮演好賓客的身分。

抵達會場迎面而來的是狹窄的大門，聽到陣陣敲缽的聲音，那種聲波是宗教頌經的聲波也是教堂的鐘聲，除了告知四方賓客確立會場位置之外，更重要的是這種聲波的節奏，讓我們放慢腳步，同時感到被祝福的安詳，嗯—好棒！入門之後經過身分的確認，接過迎賓者由蠟燭做成的光明燈開始祈願，並在一個盛滿花瓣的池塘中放入光明燈，這種儀式是一種祝福、安慰與禮魂的儀式，放下過去的包袱，迎向青春美好的未來，真是棒呆了！一開始細膩的迎賓規畫，就涵養了文化、民俗、美學、友善關懷與體驗等等的正面感受，接下來的茶會相信更是精采可期，美不勝收；礙於篇幅的關係僅以迎賓的規畫，闡述高度美學體驗的文化藝術，對於感動服務的啟發帶來關鍵性的作用。

文人雅集

宋代文人雅集，東方最早的體驗行銷，也是一個東方式沙龍的集合體，展現了宋代對於生活雅趣的追尋，是高度生活體驗的最早期代表形式。我一直很好奇，為何古代人的聚會或是生活的點點滴滴，被後代傳頌寫成故事般的經典文學流傳至今，成為今日最好的口碑行銷典範，真是令人驚訝！

沒錯，古代人的生活雅趣對比於現代人的休閒社交活動，優雅而更具有深度；我們以各位所熟悉的〈王羲之‧蘭亭集序〉來一睹古人的雅趣！

王羲之被封「天下第一行書」還真是名不虛傳，單就他練習書法的過程就充滿傳奇的故事供後人學習典範；〈蘭亭集序〉是王羲之在東晉永和九年三月初三暮春之時，邀集當時的謝安與四十一位名流之士，舉辦曲水流觴之宴，在水邊盥洗，藉以拔除不祥。氣候清朗的天候下，與會人員紛座河畔兩旁，酒杯盛滿後，放入水中順流而下，酒杯滑過與會者面前，必須當眾飲酒吟詩，這是何等的雅趣與涵養。

與會人士貢獻創作共得三十七篇，眾家吆喝敦請王羲之為此次的曲水流觴提序；此時的王羲之稍有酒意，心頭積鬱已久，難得在這清朗的氣候下，

文人雅集觀點分享

•雅趣的設計相當重要，不要讓活動的設計淪為一種叫囂式的、大快朵頤與言不及義的社交活動；要讓消費者留下一番省思，一種新奇的學習，並且必須有所準備才能讓整場消費活動有一番深刻的回憶。

心情還不錯，於是提起鼠鬚筆在蠶繭紙上，暢意揮毫、一氣呵成，絲毫沒有任何的猶豫；後來堪稱天下第一行書的〈蘭亭集序〉，其文詞內涵流暢典雅，感嘆時局變化與對國家的期許，同時也道出此次曲水流觴是難得的佳會；不僅如此，王羲之在文中關於「之」字出現了二十一次卻有二十一種寫法，這種功力前所未聞，於是曲水流觴就成為宋代文人雅集中，最被傳頌的經典。

這樣的雅趣有點類似日本茶會經常提及一期一會的概念，聚會所達到的境界已難複製；不同的時空、不同的人，以及不同的場地都是獨一的，所以要珍惜每一次特有的聚會形式，或是將聚會形式多加著墨，或許能讓與會者也有當年曲水流觴境界般，一生難忘的經典體驗。

歷史中的百年　觀光的爆發力

辛亥革命一百年，這個歷史的印記，如何牽動我們的命運！成功？失敗？眾說紛紜！以史為鑑可以知興替，以人為鑑可以明得失，以銅為鑑可以正衣冠！歷史的事件與場景，經常吸引著後代的子孫，無論是閱讀研究、記取教訓、啟發智慧或是歷史憑弔，都令我們有所啟發。中華民國建國百年的今日，台灣以建國百年的方式從生活的各方面著手慶祝；反觀中國大陸則以辛亥革命

歷史中的百年觀光的爆發力
觀點分享

•任何產品必須尋找蘊含其中的歷史、文化、美學或是藝術背後的材料說出一套動人的故事，讓產品與購買者產生情感的連結，畢竟故事能讓人有畫面的憧憬景，有情緒交織其間感人的事物，讓物與人和一，引發一連串情緒的反應，這是一種價值也是人類心靈的依附。

一百年慶祝，這兩岸同胞的歷史印記；中國大陸舉辦一系列的學術座談會，以探討中國革命一百年，是成功還是失敗？對我們的啟發如何？進行一系列嚴謹的探討，但是現今的中國大陸除了進行歷史政治的探討之外，辛亥革命的起點——武昌，則將此一歷史事件包裝，變成了最具熱門的觀光景點路線；原來的地方景物沒有險峻的自然景觀，也沒有特殊的人文景緻，更無特殊的古蹟，那該如何行銷呢？我想辛亥革命武昌的觀光事件行銷，給了我們一個很重要啟發，就是故事行銷！

一個小小的市鎮，在現代化的建設中，將一百年前的鄉鎮建設埋入地底下好幾層，甚至已經灰飛煙滅，但是歷史的場景是不容抹滅：那些人，那些思維，那些事，那些震撼的事件開啟了近代世界發展的序幕，這是一個重要的觀光材料，將這些歷史事件集結成一個個兼具嚴肅又輕鬆，兼具政治與生活，困境與突圍，聖潔與沉淪，驚悚與溫馨……等等一連串故事，結合當地的建設，讓此趟的知性之旅豐富心靈的旅程，增添歷史的親近感。

感動服務問題討論便利貼

1. 服務場景色彩美學是否有主要調性與搭配性如何？是否注意整體美學氛圍？
2. 文宣品的設計是否避免負面辭彙？
3. 服務方式是否熟練到幾近演員般的水準？

第十二堂課　感動服務的研究方法

在尚未討論感動服務研究之前，我們會盡一切的可能仰賴共通的經驗以及常識來理解事實，但是經常相信過了頭，或是發生認知不足；感動服務的議題在現今的商業氛圍當中就是如此。

本書對於感動服務議題的研究，作者感覺到一個問題的現象，並且相信有回答的可能性所開始的，例如第二堂課〈感動服務的萌芽〉，已經道出研究本議題的出發點，一個對於人際社會當中、企業組織的氛圍、產業的競爭態勢，以及對社會的觀察所產生的一種疑惑，一旦疑惑燎原，蒐羅事實的機器開始啟動，科學化的方法湧入，最終產生構成感動服務的真實元素。

任何事務回歸到最基本的單位就是元素，如同一幅美麗而動人的藝術畫作，藝術家創作思維呈現出整體和諧之美、時代中集體潛意識的狀態、藝術表現方式、表現的題材與陳述故事或現象的意念等等，都是藝術表現的結果。舉例而言，當我們觀看米勒的〈拾穗〉或〈晚禱〉，高更〈大溪地三個人〉的畫作時，動人的題材，完美的構圖，精湛的畫技，色彩大膽的潑灑與和諧圓滿的融合，觸動我們的心靈；而這些令人感動肺腑的藝術畫作，經常讓我們流連忘返。

畫作背後系統性的原理與元素，如色彩、構圖、顏料、技法與題材等等，是構築一幅畫作基本的單元，也是繪畫作品的源頭；如同撼動人心的交響樂，曲目帶給我們心靈遐滿的人生，但是它背後的基本系統性原理如音符、節奏、旋律與樂器等等交織而成的樂章，正是一首傳頌經典樂曲的背後推手。

在美學領域的知識教育傳播當中，有人從藝術史的角度切入，有人從如何欣賞畫作角度切入，有人從繪畫者的傳記文學角度切入，更有人從繪畫的技巧、構圖的美學等等角度切入；同樣的關於感動服務探討的角度也是多元的，有些人從激勵服務從業人員角度來談感動服務，有些則是以服務品質的角度來切入。

作者以服務接觸的角度闡述感動服務，並且把服務過程中服務提供者與顧客接觸時，創造顧客感動的情緒的元素加以捕捉，匯集成感動因素，並且清楚的詮釋，這些感動元素在服務的過程之中如何運作；因此，我們將這感動服務的故事，觸動人心的畫面，以完整的結構進行一次又一次的解構，然後再重新結構起來，回復到完整觸動人心的服務精神，來探討感動服務的最佳原貌。

感動服務是服務接觸過程中，顧客整體感受的情緒結果，背後原理是什麼?什麼樣的元素才能讓顧客感動?接下來我們將進一步的探討。

天真勇猛，永不言倦；本書研究過程歷時十年，可謂巨大繁浩，本書所闡述的論點大部分都是經過嚴謹的研究過程，或是沿用科學的相關資料，並引入作者的實務經驗匯整而成；本書的研究論點所採取的研究產業是以國際觀光旅館產業為主，或許讀者和我也曾有相同的疑惑，單一產業的研究成果，能移轉至其他產業運用嗎？直到我在研究所修了一門動態競爭策略的新顯學後，我得到了肯定的答案；動態競爭策略，是以航空業為背景的研究，其成果在各大產業當中均具有參考價值，目前深獲全球學術界與商業實務界的親賴，甚至連策略管理大師麥可．波特都大表讚揚；因此，我認為這項感動服務的研究應能提供各界廣泛性的參考。

本書研究流程如下：

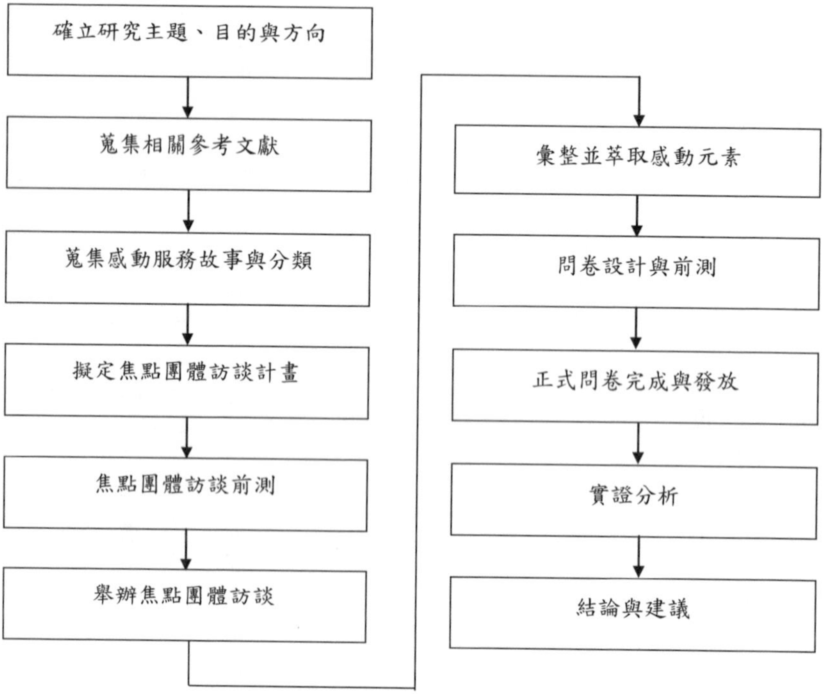

在本書中所探討的顧客忠誠度的文獻，關於服務情境中引發顧客正面情緒價值，對於顧客忠誠度而言乃為關鍵因素；而探討正面情緒文獻領域相當廣泛而且不一而足，本著作運用感動情緒之程度來推敲維持顧客忠誠度，是否具有正向的關係？因此，進一步探討在服務情

境中誘發感動的相關元素是甚麼，而這些感動元素對於感動程度是否也具有正向的關係？另外感動元素對於顧客忠誠度是否具有正向關係？藉由上述的說明形成本研究之命題架構與命題發展。

本書的研究發展分成四個階段進行，前後歷時十年，近二年完成第二至第四階段的研究。

第一階段，收集真實—感動服務故事的匯整

第二階段，打著燈籠找答案—七場焦點團體法

第三階段，怎麼辦，問人家—問卷設計與發放

第四階段，全球首創ＡＣＥ感動服務元素正式出爐

第一階段，收集真實—感動服務故事的匯整

作者蒐羅了上千個感動服務故事，最後篩選四十則國內及國際的五星級觀光飯店感動服務真實故事，以做為研究感動服務的事實基礎；故事的來源包括作者直接或間接親身經歷、顧客感謝信函、作者曾任職公司的傳頌故事、國外飯店發生的服務故事、網路傳頌的服務故事等；選定感動服務故事後，接著進行故事內容的撰寫、刪除、調整、編定、校稿以及定稿等過程。

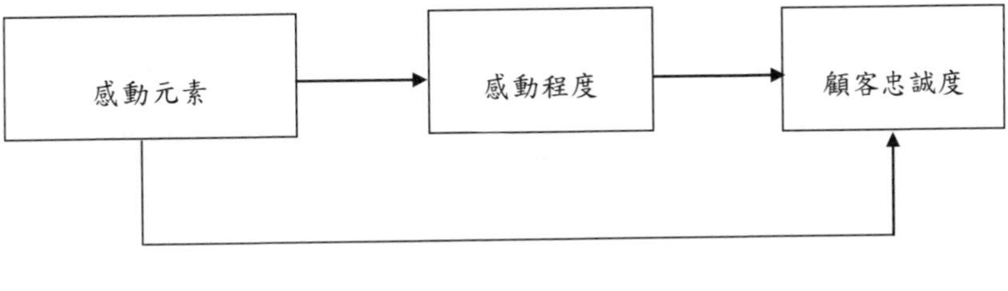

除了將四十則感動服務故事命名編號並加以分類外，作者也根據故事的特性區分為「發生場景」、「故事中服務人員的性別」、「與顧客接觸時間的高低」、「服務人員的層級」及「顧客所面臨的處境」五大類進行分類研究，以確保感動服務真實故事的涵蓋面，能均衡分配，不致過度偏重，影響研究的結果。

第二階段，打著燈籠找答案——七場焦點團體訪談法

這是一項探索性的研究計畫，選定焦點團體訪談研究方法，來找尋與探索相關議題內涵。那到底什麼是焦點團體訪談法（focus group）呢？到底這個研究方法有什麼功能？如何進行？以下我們將簡短的加以介紹：焦點團體最大的功能是蒐集探索性的資料，發覺前所未知的重要因素與因素間的關係。作者是希望運用焦點團體訪談法深入瞭解感動服務真實故事中的感動元素，並依其不同觀點，深入探討不同類型的故事，促進參與者想法，以了解其個別差異性，雖然焦點團體座談會在研究進行與資料分析上都會花費較多的時間與人力，但也的確藉由焦點團體中蒐集

四十則感動服務故事特性分類表

產品別								服務人員			接觸時間			服務層級				顧客處境					
客房			餐飲																				
櫃台	門衛	房務	全部	酒吧	法式餐廳	西餐	整體	男性	女性	團體	低	中	高	基層	高階	總經理	團隊	主動服務	顧客預示服務	獨特需求	失誤補救	顧客意見	顧客遺失物品
8%	8%	10%	20%	5%	8%	8%	35%	38%	18%	45%	25%	38%	38%	55%	14%	6%	25%	48%	23%	13%	8%	8%	3%

到相當豐富的資料，提供研究參考。

感動服務元素的萃取之焦點團體訪談法，舉辦場次的規劃，是以焦點團體訪談中與會人員所提供的感動元素達飽和點（也就是感動元素重複性越來越高，同時，沒有新的元素產生），作為舉辦場次多寡之準則，第一場，感動元素達一百八十個項目（包括前測所產生的感動項目）；第二場，感動元素約累積為三百個項目；第三場，感動元素約累計三百八十個項目；第四場，感動元素約累計四百三十個項目；第五場約累計四百八十個項目，最後第六場約累計至五百個項目，並且無新的元素出現，因此本研究總計舉辦七場焦點團體訪談會。

經過七場焦點團體訪談後，進行感動元素的收集，從訪談中整理條列出五百多項感動元素，同時將這些元素以無關性、明確性、相似性、同輩性、實務性與互補性六項原則，有系統的方式加以整理；以下針對六項原則加以說明：

1. 無關性：將與本研究無相關的元素以及以結果判斷為主的元素予以刪除，例如：這種服務真是賺到了、寬容、良心不安、失而復得、飯店服務都有一定的水準、基礎建設比較重要、蠻好的耶、我會覺得運氣很好等。
2. 明確性：元素應具備明確性不可過於模糊（例如：安心、心中充滿無限的感激、正常人的待遇等）。

3.相似性：重複與相同概念的單一感動元素予以歸類，例如：視客猶親、一家人的感覺融為一體、把顧客當家人的意義相同整併為「當作家人般的對待」，予以歸類整併；又如受寵若驚、有心想為我們服務、受到他人的重視等，意義相同整併為「被當成重要的貴賓」。

4.同輩性（Coordination）：辭彙不同但領域一致的元素，例如：關心、熱誠、誠懇、真誠、親切感、謙虛與溫暖等以「優質的服務態度」來代表左列元素意涵等；又如盡力、超乎想像、舒服、自然與細緻等以「極力滿足顧客需求」來代表左列元素意涵等。

5.實務性：元素的使用應可作為實務參考之用。

6.互補性：二個元素合起來是一個完整的意思。例如：「注重細節並提供細緻的服務」、「及時且快速有效率的服務」與「服務時的溝通品質與社交能耐」等。

我們很幸運地，在研究的旅途當中終於有了突破性的斬獲。經過歸納與整理後，終於探索出感動元素，總計由五百多個感動元素整合至二十三項，同時為使感動元素於表現問卷設計時，讓填答者更能掌握感動元素的表達意涵，作者將二十三項感動元素加以修辭，以正確掌握問卷閱讀時的理解度。

第三階段，怎麼回事呢？問人家——問卷設計與發放

對作者而言問卷的回收狀況出奇地順利，因為填答者閱讀問卷，如同閱讀故事般一點都不會有任何負擔的感覺，甚至填答者看完問卷之後，還想索取感動服務故事的劇本，真是有趣！

感動服務的研究調查對象以有所得者，以及曾經到飯店消費餐飲或住宿的消費者為發放對象，共計發出問卷三〇〇份，回收二百六十四份，回收率八十八%，有效問卷二百六十三份，有效問卷率九十九・六二%，每份問卷有四個感動服務故事，因此調查總計一千零五十二個感動服務故事份數。

顧客忠誠度之衡量問項

衡量變數	觀察變項	屬性問項
顧客忠誠度	顧客的再次購買意願	如果您是故事中的客人，您會向「親友推薦」的意願
	向他人推薦產品及服務的意願	如果您是故事中的客人，您會「再次消費」的意願

衡量的方式為十點尺度量表，填答者可依其選擇勾選一至十分，分數越高代表填答者對於各題項的意願程度越高；反之亦然。

而感動程度的衡量，是由填答者與閱讀完感動服務敘事故事後，對於故事中的真實情境，模擬填答者為故事情境中的顧客，故事中的服務款待能觸發填答者感動程度為何?進行填答。衡量程度由一—一〇〇，分數越高代表越感動；反之亦然。

統計分析成果揭曉

第一階段，本研究將針對二十三項感動元素進行因素分析，並將這些因素進行分類與命名；

第三階段，本研究將針對已分類出來的感動因素性進行迴歸分析，檢視感動因素對感動程度之間的關係外，也將探討各感動元素與感動程度之關係；最後，本研究會檢定感動程度對於顧客忠誠度之影響，進而論述感動元素對於顧客忠誠度的關係。

研究命題的發展

命題一：感動元素經由因素分析後，可萃取出「魅力服務期望」、「關注服務感受」及「賦權服務文化」三項的感動因素。

命題二：當顧客對服務提供者所服務的項目感受到的感動因素越認同，則顧客的感動程度將會越高。

命題三：當顧客對服務提供者所服務的項目感受到的感動元素越認同，則顧客的感動程度將會越高。

命題四：當顧客對服務提供者所服務的項目的感動程度越高，則顧客的忠誠度越高。

命題五：當顧客對服務提供者所服務的項目感受到的感動因素越認同，則顧客忠誠度越高。

命題六：當顧客對服務提供者所服務的項目感受到的感動元素越認同，則顧客忠誠度越高。

第四階段，全球首創ACE感動服務元素正式出爐

三項感動因素十六項感動元素

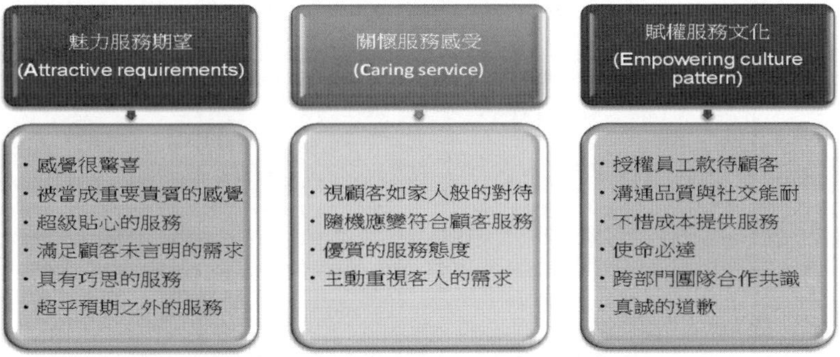

當顧客對服務提供者所服務的項目感受到的感動因素與元素愈認同，則顧客忠誠度愈高。

附表 感動服務因素與元素對於感動程度以及顧客忠誠度影響

感動因素	感動元素	感動程度 實證結果	顧客忠誠度 實證結果 推薦意願	顧客忠誠度 實證結果 再購意願
魅力服務期望	有被當成重要貴賓的感覺	顯著	顯著	顯著
	滿足顧客未言明的需求	顯著	顯著	顯著
	超級貼心的服務	顯著	顯著	顯著
	感覺會很驚喜	顯著	顯著	顯著
	具有巧思的服務	不顯著	顯著	顯著
	超乎預期之外的服務	不顯著	顯著	顯著
關注服務感受	視顧客如家人般的對待	顯著	顯著	顯著
	隨機應變符合顧客需求的服務	顯著	不顯著	顯著
	優質的服務態度	顯著	顯著	顯著
	主動重視客人的需求	顯著	顯著	顯著
賦權服務文化	授權員工款待顧客	顯著	顯著	顯著
	服務時的溝通品質與社交能耐	顯著	顯著	顯著
	不惜成本提供服務	顯著	顯著	顯著
	跨部門團隊合作共識	顯著	不顯著	不顯著
	真誠的道歉	負向顯著	顯著	顯著
	使命必達	不顯著	不顯著	不顯著

《ACE感動服務策略》參考書目

□《顧客忠誠度失落的環節—讓您感動的服務》，研究者：董建德，二〇一〇年九月

□《遇見感質力Qualia》，經濟部中小企業處編印，出版日期：二〇一〇年十二月

□《體驗行銷時代》，研究者：Pine II & Gilmore（1998）

□《策略性的體驗模組》，研究者：Schmitt（1999）

□《情緒行銷（emotion marketing）》研究者：Robinette, Brand & Lenz（2001）

□《服務業行銷》，作者：Christopher Lovelock Jochen Wirtz，譯者：周逸衡與凌儀玲合作出版：台灣培生教育出版股份有限公司 出版日期：二〇〇五年一月

□《百億打造的十堂服務課 麗思・卡爾頓飯店》，作者：高野 登，譯者：黃郁婷，出版者：漫遊者文化事業股份有限公司，出版日期：二〇〇九年二月

□《行銷管理學》作者：Philip Katler 譯者：方世榮 出版者：台灣東華書局股份有限公司 出版日期：二〇〇五年四月

□《I-You共融的社會智能》，作者：Daniel Goleman，譯者：閻紀宇，出版者：時報文化出版企業股份有限公司，出版日期：二〇〇八年六月三十日

□《中國生產力中心 行銷經理研習班 授課講義：消費時代的演進》，講師：呂鴻德 教授

□《講理就好》，作者：洪蘭 博士

□《人這種動物》，作者：Desmond Morris戴思蒙•莫理斯，譯者：楊麗瓊，出版者：台灣商務印書館股份有限公司，出版日期：二〇〇七年七月

□《感動力台灣賀寶芙改變世界的力量》，作者：王家英和謝其濬

□《為什麼你信我不信》，作者：Andrew Newberg & Mark Robert Waldman，譯者：饒偉立，出版日期：二〇〇八年四月

□《胡雪巖的經營管理》，作者：曾仕強 教授，出版者：百順出版，出版日期：二〇〇二年九月

□《服務品質認知差距模式》，研究者：PZB（Parasuraman, Zeithaml, & Berry ,1988）

□《體驗經濟（experience economy）界定》，研究者：Barlow and Maul, 2000

□《忠誠情緒（loyalty emotions）》研究者：Barsky and Nash, 2002

□《透視記憶》，作者：史奎爾與肯戴爾（Larry R. Squire & Eric R.Kandel），譯者：洪蘭，出版者：遠流出版事業股份有限公司，出版日期：二〇〇二年一月三十日

□《大腦當家》，作者：麥迪那（John Medina），譯者：洪蘭 博士，出版者：遠流出版事業股份

有限公司，出版日期：二〇一〇年十月一日

□《哲學與人生》，作者：傅佩榮　教授，出版者：天下遠見出版股份有限公司，出版日期：二〇〇五年一月二十日

□《MTP（管理研習課程）》第十二版，發行人：日本產業訓練協會事務局長荻原　博

□《當責 accountability》，作者：張文隆，出版者：商周出版，出版日期：二〇一一年九月十五日

□《PHR人資基礎工程》，作者：常昭鳴

□《文創薈萃：啟動第四波經濟力》，作者：郭士榛，出版者：福報文化股份有限公司／人間福報社股份有限公司，出版日期：二〇一〇年十月初刷

□《情緒管理》，作者：蔡秀玲、楊智馨，出版社：揚智出版社，出版日期：一九九九年十月

商學誌

揭開感動服務的十二堂課

作者◆董建德
發行人◆王春申
編輯指導◆林明昌
營業部兼任編輯部經理◆高珊
責任編輯◆徐平
特約美編◆育德文化事業有限公司

出版發行：臺灣商務印書館股份有限公司
23150 新北市新店區復興路43 號8 樓
電話： (02)8667-3712　傳真： (02)8667-3709
讀者服務專線： 0800056196
郵撥： 0000165-1
E-mail： ecptw@cptw.com.tw
網路書店網址： www.cptw.com.tw
網路書店臉書： facebook.com.tw/ecptwdoing
臉書： facebook.com.tw/ecptw
部落格： blog.yam.com/ecptw

局版北市業字第993號
初版一刷：2012 年 8 月
初版三刷：2016 年 6 月
定價：新台幣 360 元

ISBN 978-957-05-2689-9

揭開感動服務的十二堂課/董建德著. 一初版一臺北市：臺灣商務，2012.08

面；　公分

ISBN 978-957-05-2689-9(平裝)

1.　顧客服務　2.顧客關係管理

496.5　　101001354